普通高等教育"十一五"国家级规划教材

生态监测与评价

罗文泊　盛连喜　主编

李振新　边红枫　副主编

化学工业出版社

·北京·

本书是普通高等教育“十一五”国家级规划教材。全书共分为七章，内容主要包括生态监测概述、微观生态监测、宏观生态监测、生态监测计划的设计、生态评价基础、生态风险评价、农村环境的生态监测。

本书可作为高等院校环境、生态及相关专业师生的教材，也可供在相关领域工作的管理人员、技术人员参考。

图书在版编目（CIP）数据

生态监测与评价/罗文泊，盛连喜主编．—北京：化学工业出版社，2011.6（2024.2重印）
普通高等教育“十一五”国家级规划教材
ISBN 978-7-122-11912-4

Ⅰ．生…　Ⅱ．①罗…②盛…　Ⅲ．①生态环境-环境监测-高等学校-教材②环境生态评价-高等学校-教材　Ⅳ．①X171②X826

中国版本图书馆 CIP 数据核字（2011）第 144845 号

责任编辑：满悦芝　　文字编辑：荣世芳
责任校对：宋　夏　　装帧设计：关　飞

出版发行：化学工业出版社（北京市东城区青年湖南街 13 号　邮政编码 100011）
印　　装：三河市延风印装有限公司
787mm×1092mm　1/16　印张 8½　字数 195 千字　2024 年 2 月北京第 1 版第 9 次印刷

购书咨询：010-64518888　　售后服务：010-64518899
网　　址：http://www.cip.com.cn
凡购买本书，如有缺损质量问题，本社销售中心负责调换。

定　　价：29.80 元

自 序

按照本届“教育部环境科学类专业教学指导分委会”的建议，生态学专业的课程设置中应包括“生态监测与评价”的知识。这个建议是很重要的。

我认为，“生态监测与评价”这个领域之所以受到重视，主要是两个方面的因素：一是在理论上，它是对生物与环境协同进化理论佐证的新探索，是不断完善和丰富生态学基本原理的舞台；二是在实践上，它是环境对生物作用效应的真实反应，与物理或化学等监测方法相比，具有不可替代的优势。很显然，对于生态学专业的学生，掌握该领域的知识是增强其实践能力的有效途径。

实事求是地讲，目前关于生态监测的定义，在学者中还没有统一。其实这也很正常，许多学科都面临同样的问题，但这并不会阻碍学科的发展，从某种意义上讲，这倒是推动学科进步的一种力量。

虽然目前有与《生态监测与评价》相类似的教科书，但数量不多，而且内容也不能适应教学的需要。这门课程的教材建设是个薄弱环节。

东北师范大学的几位青年学者，整理了近年来的教学资料，编写了这本简要教材。我对书稿作了审阅并统稿，但坦诚地讲，需要完善的空间仍然很大。我想，这些年轻学者努力的目的，主要还是企盼能有更多的同行关注和参与这门课程的建设，参与教材的建设。

本教材能得以出版，与化学工业出版社的大力支持密不可分。在此，代表作者表示衷心的感谢。

盛连喜

2011 年 5 月于长春

前　言

20 世纪是人类飞速发展的 100 年，科技生产力的进步已使世界上近百分之五十的人口拥有超出其基本生存所需的物质享受。但人类为此付出的代价也是巨大的，环境污染和生态破坏给人类社会带来的巨大灾难已被人们广泛提及。最近 20 多年以来，全球环境变化、生物多样性和生态系统可持续发展已经成为全人类面临的共同问题，而如何有效监测生态环境变化是保护生物多样性及维持生态系统可持续发展的重要前提。

生态监测是利用生命系统及其相互关系的变化来监测生态环境质量状况。掌握生态监测的基本理论及技术将有利于使生态学专业学生更好地适应社会发展的需要。编者整理了近年来的相关教学资料，编写了这本简要教材，力图使学生了解生态监测与评价的基本理论和技术手段。同时，也期望通过本书引起更多学者对生态监测的关注。

本书共分为七章，第一章由李振新与罗文泊编写，第二章由李振新与边红枫编写，第三章由王平与罗文泊编写，第四章由唐占辉编写，第五章由何春光编写，第六章由唐占辉编写，第七章由王俊媛编写。全书由罗文泊、盛连喜统稿，盛连喜老师对全书进行了审阅。此外，参加本书编写工作的还有王媛博士、李潜博士、马良硕士，化学工业出版社为本书的编辑出版付出了艰辛劳动，在此对他（她）们一并表示真挚的感谢。

由于编者水平有限，加上编写时间仓促，书中难免出现疏漏，敬请各位读者批评指正。

编者

2011 年 5 月于长春

目 录

第一章 生态监测概述

第一节 监测与生态监测

一、生态监测的定义

从广义上讲，生态监测是一门古老的科学，其历史已很久远，如物候学就是一种具有悠久历史积累的科学。作为生态学的实用方法或一种监测技术，与快速发展中的现代科学技术相比，其发展速度还是比较缓慢的。然而，它的诸多特点使这门科学具有新的魅力。

1. 基本术语

涉及监测的基本术语主要有监视、监测、环境监测以及生态监测等。

监视（surveillance）：是系统地测定随时间发生变化的参数和过程，目的是建立一个时间序列的数据。

监测（monitoring）：是通过系统地测定随时间发生变化的变量和过程，为了特定的目标进行数据收集，比如要满足一定的标准。

在题为《人类对全球环境的影响》的重大环境问题研究（SCEP）报告中，关于监测的定义是："监测是系统地观察与特定问题相关的参数，目的是提供关于此问题特征的信息以及其随时间发生的变化。"

环境监测：通过对环境质量因素代表值的测定以确定环境质量（或环境是否污染及其污染程度），是研究环境科学的基础和必要手段（奚旦立等，1987）。

生态监测（ecological monitoring）：是利用各种技术测定和分析生命系统各层次对自然或人为作用的反应或反馈效应的综合表征来判断和评价这些干扰对生态环境产生的影响、危害及其变化规律，为生态环境质量的评估、调控和生态环境管理提供科学依据。形象些说，生态监测就是利用生命系统及其相互关系的变化反应做"仪器"来监测生态环境质量状况及其变化（盛连喜等，1993）。

Ian F. Spellerberg（1991）在其所著的《生态变化的监测》（第二版）中对生态监测的定义是："生态监测是采用标准方法以特定时间间隔系统地收集生态数据。"这个定义强调了生态监测的长期性和数据有效性，该定义更为简洁，反映了生态监测的两个基本的要求。

一些组织和专家对生态监测进行了分类，如 Vaughan 等（2001）描述了四类监测。

① 简单监测：在一个点上记录单一变量随时间变化的值。

② 调查监测：在特定地区对一个环境问题缺乏历史记录的时候，可以通过调查现有环境条件下受影响地区和未受影响地区的比较来进行一定的替代。

③ 替代监测：是在缺乏前期监测的情况下，利用一些替代信息来推测环境的变化。

④ 综合监测：利用详细全面的生态学信息进行监测。

取样、记录、制图、调查、列表详查以及长期生态学研究都可以应用于生态监测中。有规律地记数或普查一个鸟类种群可以作为生态监测的基础，或者用于研究鸟类种群的动态变化。

2. 进行生态监测的原因

一些国家和组织已经资助了一些生态监测。生态监测一般需要长期的资助，而有一些生态监测又是相当昂贵的。那为什么要进行生态监测呢？关于此问题有以下几个原因。

① 很多生态系统的过程还未被进行过详细的研究，而生态监测可以提供关于这些过程的基础生态学知识。

② 要有效地进行生态系统的管理，需要关于生态系统的基本资料，这只能通过生态监测来获得。

③ 人类对全球生态系统的影响具有长期的效应，这些效应有些是协同作用，有些是累积作用，因此有必要进行长期的研究。

④ 长期研究的数据可以作为人类对生态系统组分潜在有害影响早期判断的基础。

⑤ 目前物种灭绝、生境丧失和生物群落的破坏日益严重，生态监测对于识别这些丧失和破坏的可能后果是必需的。

3. 生态监测的特点

生态监测具有应用的方法和技术复杂、定期连续监测、采用相对统一的方法或标准等的整体特点。环境污染也可以看作人类活动对生态系统的一种干扰方式，因此以监测污染为目的的生物监测从这个意义上讲也是生态监测的一部分。综合生态监测与生物监测的内容，可以总结出以下的一些优点和不足。

(1) 生态监测的优点 生态监测有物理和化学监测所不能替代的作用和所不具备的一些特点，主要表现在以下几个方面。

① 能综合地反映环境质量状况。

② 具有连续监测的功能。

③ 具有多功能性。

④ 监测灵敏度高。

(2) 生态监测的不足 从整体上看，生态监测在方法上仍有许多问题亟待解决，也还有一些缺陷，其主要表现如下。

① 外界各种因子容易影响生态监测结果和生物监测性能。

② 生物生长发育、生理代谢状况等都制约着外干扰的作用。相同强度的同种干扰对处于不同状态的生物常产生不同的生态效应。

③ 指示生物同一受害症状可由多种因素造成，增加了对监测结果判别的困难。

二、生态监测与环境监测的关系

生态监测的概念最初是由环境监测发展而来的。在环境科学中，环境监测是研究和测定环境质量的学科，它是环境科学研究的基础和必要手段。目前，关于生态监测与环境监测的关系存在不同的看法，归纳起来大体有以下几种看法。

生态监测是生态系统层次的生物监测（biological monitoring）。持这种观点的学者认为，生态监测就是观测与评价生态系统对自然变化及人为变化所做的反应，包括生物监测和地球物理化学监测两方面内容（刘培哲，1989）。

生态监测是比生物监测更复杂、更综合的一种监测技术。其观点是，从科学上看，生态监测属于生物监测的一部分，但它涉及的范围远比生物学科广泛、综合，因此可把生态监测独立于生物监测之外（王焕校等，1986）。付运芝、井元山等认为（2002）生态监测不同于环境监测。生态监测是指按预先制定的计划和用可比的方法，在一个区域范围内对各生态系统变化情况以及每个生态系统内一个或多个环境要素或指标进行连续观测的过程。而这里的监测是一个动态的连续观察、测试的过程，少则一个或几个生态变化周期，多则几十个、几百个生态变化周期。在时空上少则几年，多则几十年或更长一段时间。因此说生态监测就是运用可比的方法，在时间或空间对一定区域范围内的生态系统或生态组合体的类型、结构和功能及其组成要素进行系统的测定和观察的过程。

生物监测包括着生态监测。持这种观点的理由是，生物监测就是系统地利用生物反应以评价环境的变化，并把它的信息应用于环境质量控制的程序中去。从生物组建水平（hierarchiacal levels of biological organization）观点出发，各级水平上都可以有反应，但重点放在生态系统级的生物反应上（沈韫芬等，1990）。

从上面各种观点可以看出，尽管人们对生态监测的理解不尽相同，但都强调了将生态学原理作为生态监测的理论基础；将生态系统作为监测对象；监测内容不只局限于环境污染物，而更着重人类活动对生态系统所产生的整体影响和变化。因此，所谓生态监测是以生态学原理为理论基础，运用可比的和较成熟的方法，在时间或空间上对特定区域范围内生态系统或生态系统组合体的类型、结构和功能及其组合要素进行系统的测定，为评价和预测人类活动对生态系统的影响以及合理利用资源、改善生态环境提供决策依据（姜必亮，2003）。

第二节　生态监测的意义

生态监测具有应用的方法和技术复杂、定期连续监测、采用相对统一的方法或标准等特点。环境污染也可以看作人类活动对生态系统的一种干扰方式，因此以监测污染为目的的生物监测从这个意义上讲也是生态监测的一部分。

一、生态监测的意义

生态监测在环境监测中的地位和作用是非常重要的。

① 通过生态监测可以揭示和评价各类生态系统在某一时段的环境质量，为利用、改善和保护环境指出方向。

② 由于生态监测更侧重于研究人为干扰与生态环境变化的关系，可使人们搞清哪些活动模式既符合经济规律又符合生态规律，从而为协调人与自然的关系提供科学依据。

③ 通过生态监测还能掌握对生态环境变化构成影响的各种主要干扰因素及每种因素的贡献。这既能为受损生态系统的恢复和重建提供科学依据，也可用于制定相应的环保计划，增强环保工作的针对性和主动性，进而提高措施的有效性。

④ 由于生态监测可反馈各种干扰的综合信息，所以使人们能依此对区域的生态环境质量的变化趋势做出科学预测。

二、生态监测的基本要求

与采用物理、化学方法的监测不同，生态监测有些特殊要求，明确和掌握这些基本要求对于工作的顺利开展是有益的。

1. 样本容量应满足统计学要求

因为受到环境的复杂性和生物适应多样性的影响，生态监测结果的变异幅度往往很大，要使监测结果准确可信，除监测样点设置和采样方法科学、合理并具有代表性外，样本容量应该满足统计学的要求，对监测结果原则上都需要进行统计学的检验。否则，不仅要浪费大量的人力和物力，且容易得出不符合客观实际的结论。例如，有人曾专门调查了东北、安徽、贵州等地区的黄鼬冬季针毛的长度，以此来分析气候条件的差异是否对其有影响。每个地区随机取四个样本，得到了表1-1的结果，地区间有一定差异，但同一地区的不同样本间也有差异。如果对结果的分析停留在这个水平上，就容易得出“黄鼬冬季针毛长度的地区差异与气候条件无关”的结论。而研究者正是通过采用统计学方法处理以及各区之间的相互比较，证实了我国黄鼬冬季针毛长度不同的原因是地区气候差异造成的。这个结论显然更符合客观实际。

表1-1 不同地区的黄鼬冬季针毛长度 单位：mm

样本数	东北	内蒙古	河北	安徽	贵州	总计
1	32.0	29.2	25.2	25.2	23.3	
2	32.8	27.4	26.1	24.8	23.1	
3	31.2	26.3	25.8	24.5	23.1	
4	30.4	26.7	26.7	24.3	23.5	
ΣX	126.4	109.6	103.8	98.8	93.0	531.6
n	4	4	4	4	4	20
$\overline{X}$	31.6	27.4	25.95	24.7	23.25	26.58
ΣX^2	3997.44	3007.98	2694.78	2440.82	2162.36	14303.38

2. 要定期、定点连续观测

生物的生命活动具有周期性特点，如生理节律以及日、季节和年周期变化规律等。这就要求生态监测在方法上应进行定期、定点的连续观测。每次监测最好都要保证一定的重复，切不可用一次监测结果作依据对监测区的环境质量给出判定和评价。例如，在水生生态系统中，浮游生物受光照、水温等因素的影响而有垂直移动的生态习性，一天内的不同时间采样其密度往往差别很大。所以，监测时间的科学性和一致性是结果可比性的重要条件。

3. 综合分析

对监测结果要依据生态学的基本原理做综合分析。所谓综合分析，就是通过对诸多复杂关系的层层剥离找出生态效应的内在机制及其必然性，以便对环境质量做出更准确的评价。综合分析过程既是对监测结果产生机理的解析，也是对干扰后生态环境状况对生命系统作用途径和方式以及不同生物间影响程度的具体判定。例如，通过对热污染水体多年的生态监测发现，严重的热污染会对水库的渔业资源造成破坏，鱼产量明显减少。但构成渔获物的五种主要经济鱼类中，白鲢和鲫鱼数量减少最多，生长速度减慢、疾病增多。而鳙鱼和草鱼的数量增加，生长速度也加快。这个结果表明，热污染对水体渔业资源的影响与鱼类种群的生态特性有关，其影响程度、方式与鱼类的生态位有关（盛连喜等，1990）。

4. 要有扎实的专业知识和严谨的科学态度

生态监测涉及面广、专业性强，监测人员需要有娴熟的生物种类鉴定技术和生态学知识。根据国家环保部门的有关规定，凡从事生态监测的人员，必须经过技术培训和专业考核，必须具有一定的专业知识及操作技术，掌握试验方法，熟悉有关环境法规、标准等技术文件。要以极其负责的态度保证监测数据的清晰、完整、准确，才能确保监测结果的客观性和真实性。

第三节　生态监测的发展

一、生态监测的发展

生物监测是20世纪初叶发展起来的，其标志是科尔克威茨和马森提出的污水生物系统，为运用指示生物评价污染水体自净状况奠定了基础。其后，克莱门茨（Clements，1920）把植物个体及群落对于各种因素的反应作为指标，应用于农、林、牧业监控和评价。克莱门茨（1924）还主张把植物作为高效的测定仪器，积极提倡植物监测器（plant monitor）。20世纪经许多学者（如Liebman，1951；津田松苗等，1964）的深入研究，到20世纪70年代后使生态监测成为活跃的研究领域，并在理论和监测方法上更加丰富，在环境监测中占有了特殊的地位。

生态监测作为一种系统地收集地球自然资源信息的技术方法，起始于20世纪60年代后期，至今已有40多年的发展历史。但对“生态监测”一词的确切涵义，人们仍有不同的理解。全球环境监测系统（GEMS）将生态监测定义为：生态监测是一种综合技术，它能够相对便宜地收集大范围内生命支持系统能力的数据。前苏联学者在20世纪70年代末提出“生态监测是生物圈综合监测”的概念，他们把生态监测理解为在自然因素和人为因素影响下对生物圈变化状况观测、评价和预测的一套技术体系。A. Hirch把生态监则解释为：生态监测是对自然生态系统变化及其原因的监测，监测内容主要是人类活动对自然生态结构和功能的影响及其改变。

联合国环境规划署（1993）在《环境监测手册》中也认为生态监测是一种综合技术，是通过地面固定的监测站或流动观察队、航空摄影及太空轨道卫星，获取包括生境的、生物的、经济的和社会的等多方面数据的技术。

随着生态学研究的不断发展以及生态环境问题日益受到人们的重视，不同的研究者又从不同的角度对生态监测进行了阐述，国内的一些学者提出的几种定义如下。

生态监测是指通过物理、化学、生化、生态学原理等各种技术手段，对生态环境中的各个要素、生物与环境之间的相互关系、生态系统结构和功能进行监控和测试，为评价生态环境质量、保护生态环境、恢复重建生态、合理利用自然资源提供依据。它包括环境监测和生物监测（罗泽娇、程胜高，2003）。

"生态监测"的目的是评估人类的活动对我们所研究的某一生态系统的影响和该系统的自然演替过程，对这一系统的整个范围的能量流动、物质循环、信息传递过程进行监测，看它是否处于良性循环状态，以便及时地采取调控措施。因此，这种"生态监测"是对生态系统中各因子的状态、各因子间的关系和系统与外界间的关系的监测。这个系统可大可小，大可以到整个生物圈，小可以到某生物个体。监测对象可以是自然生态系统或人工生态系统，也可以是半人工生态系统，一般是指某一自然区域或者行政区域，如一条河流、一个村庄或者一座城市等（宫国栋，2002）。

二、国际生态监测网络介绍

学习生态监测的理论、方法和技术，既需要课堂讲授和实习（实践），也需要充分利用已经十分畅通和丰富的网络资源，本节将就后者作一介绍，以方便这方面的学习和对此类资源的利用。

1. 全球性网络

(1) 国际人与生物圈计划（MAB）及其生物圈保护区网络　人与生物圈计划（MAB）是由联合国教科文组织（UNESCO）于1971年发起的以国家为基础的国际计划，目的是通过研究、培训、示范和信息传递，为有关资源和资源系统合理利用与保护以及人类居住区等问题提供科学基础和培训人才。

MAB强调为解决实际问题而进行研究，包括用多学科的队伍来研究生态和社会系统之间的相互作用，利用系统的方法认识在发展和环境管理中自然与人类之间的关系。

国际生物圈保护区网络是MAB计划中最正规和最大的网络。截至1994年中期，这个网络已包括遍及全世界82个国家的324个生物圈保护区。在这些保护区中，共同开展了包含共享研究经验在内的信息资料和监测的协调发展及研究项目。

(2) 国际长期生态学研究网络（ILTER）　为了在全球范围深入了解生态学现象的长期变化，为自然资源的持续利用和社会经济的持续发展提供充分的科学依据，在美国国家科学基金会（NSF）的支持下，由美国ILTER网络主席Franklin教授倡议，于1993年9月在美国Colorado的Estes国家公园成立了国际长期生态学研究（ILTER）网络执行委员会，并举行了为期两天的第一次会议。1994年8月，在英国洛桑试验站召开了ILTER执行委员会第二次会议，将该组织名称由"国际长期生态学研究（ILTER）"改为"国际长期生态研究网络"（ILTER Network）。ILTER网络是一个以研究长期生态学现象为主要目标的国际性学术组织，其主要任务是：①加强对一些跨国和跨区域的长期生态学现象的认识。②促进多个研究站参与的比较分析与综合研究。③方便地为参与站之间合作及不同环境和不同学科工作者提供信息。④促进各种观测和试验的可比性、研究和监测的综合性及数据交换。⑤加强有关长期生态学现象的研究及其相关技术方面的培训活动。⑥促进跨国和跨地区的长期比较研究和试验的开展。⑦促进大时空尺度上的生态系统管理和持续发展研究，为改善预测模型的科学基础作出贡献。

ILTER网络的行动计划是：改善世界各地ILTER研究者的通信和信息获取条件；出版全球长期生态研究站指南；建立全球长期生态学研究计划；解决尺度转换以及取样和标准化问题；解决教育及衡量公众和决策者的关系问题。

(3) 全球环境监测系统（GEMS） GEMS成立于1975年，是联合国环境规划署（UNEP）“地球观察”计划的核心组成部分，其任务就是监测全球环境并对环境组成要素的状况进行定期评价。

参加GEMS监测与评价工作的共有142个国家和众多的国际组织，其中特别重要的组织有联合国粮农组织（FAO）、世界卫生组织（WHO）、世界气象组织（WMO）、联合国教科文组织（UNESCO）以及国际自然与自然资源保护联盟（IUCN）等。

GEMS的目标是：增强参与国家的监测与评价能力；提高环境数据和信息的有效性和可比性；对选定领域进行全球的和区域的评价，收集全球环境信息。

1992年联合国环境与发展大会之后，GEMS根据《21世纪议程》和可持续发展的需要，又增加了以下目标：加强UN（联合国）专门机构间的合作；促进学科（sectoral）数据集（包括社会经济学数据集）的收集；向地方和国家当局提供设备和方法，综合利用学科数据进行政策方案的分析；增加标识符（indicators）的使用；发现具有国际影响的环境问题，提供早期警报。

GEMS的活动主要有以下三个方面。

① 数据与信息。系统地收集和报道环境数据，进行数据协调活动，加强国家和区域的环境信息网络建设。

② 全球监测网络。主要是陆地生态系统监测和环境污染监测，如大气组成和气候系统、淡水和海岸污染、空气污染、食物污染、砍伐森林、臭氧层衰竭、温室气体增加、酸雨、全球冰盖范围以及生物多样性问题等。

③ 学科的和综合的环境评价。包括制定框架计划，确定评价方法，支持国家、区域和全球水平的环境评价。

近20年来，GEMS的基本目标几乎没有什么变化。但在20世纪90年代确定了许多新的优先领域，其中包括：多媒体综合监测与评价；提高数据的全球协调性；调查GEMS评价与所选用的管理方法之间的因果关系；建立能预报环境灾害的预警系统。

2. 区域性网络

(1) 亚洲-太平洋地区全球变化研究网络（APN） 亚洲-太平洋地区全球变化研究网络（APN）是国际上建设的三个政府间全球变化研究网络之一，该网络的概念于1992年提出，并于1994年成立了两个工作组，第一工作组（WG1）的任务是就APN的科学议程提出建议，第二工作组（WG2）的任务是就APN的组织结构提出建议。1992年、1994年和1995年已分别召开了APN第一届、第二届和第三届专题讨论会。

APN的目标是要在政府间建立一个协作网络，以促进亚洲-太平洋地区各国的全球变化研究，以及加强各国处理全球环境变化问题的能力。现在APN作为一个政府间网络已得到公认，许多其他私人组织和研究部门都计划参与APN的活动。APN的科学议程是：气候系统变化和变动性；海岸带过程与影响；陆地生态系统变化与影响；交叉问题与其他问题。

(2) 欧洲全球变化研究网络（ENRICH）及其实施计划 “欧洲全球变化研究网络”（ENRICH）的概念是1992年由欧共体组织的高级专家小组的任务组提出，并于1993年7

月在该高级专家小组召开的会议上获得通过。

ENRICH 的总体目标是为全球变化研究国际行动做出欧洲的重要贡献。考虑到欧共体的研究计划和活动的需要，以及考虑到欧共体（EC）、欧洲联盟（EU）和欧洲自由贸易联盟（EFTA）成员国现有的研究活动，ENRICH 的目的是通过充当信息交流的场所和促进在研究与能力建设方面的合作，为欧洲联盟政策目标的发展提供知识基础。除了促进西欧范围（EU 和 EFTA）内的合作以外，ENRICH 也将致力于促进发展中国家——主要是非洲和地中海盆地国家（也不排除其他地区的国家）自身研究能力的提高，以及促进对中欧和东欧国家、俄罗斯等国家（NIS）的有关研究活动的支持。

ENRICH 的主要目标是：

① 促进泛欧国家对国际全球变化研究计划的贡献。

② 鼓励西欧、中东欧国家、前苏联新独立国家、非洲国家和其他发展中国家之间在全球变化研究中的合作，促进对这些国家全球变化研究工作的支持。

③ 促进通信联系/网络的建设。

④ 改善科学研究团体对欧洲联盟支持全球变化研究的机制的接触。

ENRICH 主要通过遵循体现 ENRICH 思想的三条基本原则来实现其目标。这三条原则是：

① 促进旨在增加协同作用和一致性的通信、合作和协调。

② 增进伙伴关系。

③ 推进有关地区的自身能力建设。

(3) 美洲国家间全球变化研究所（IAI） 1990 年 4 月，美国提议建立 3 个“全球变化研究所”，研究范围分别为美洲、欧洲-非洲和远东-西南太平洋地区。随后，有关美洲的这一建议在 1991 年 7 月波多黎各举行的专题研讨会上得到进一步的发展。会议同意将这一机构定名为“美洲国家间全球变化研究所”（IAI），以指导和推进有关全球变化问题的科学、社会和经济领域的研究，这些问题对本地区来说具有特殊性，对全世界来说也是重要的。IAI 的科学议程将考虑本地区所有国家的利益，集中分析和研究全球变化现象及其对技术发展和经济的作用以及对社会领域的影响。该研究所是一个无限制的、开放的系统，具有由相互联系的地区性研究所、专门性研究所、附属研究所共同组成的网络结构，这些研究所将集中资源和人力物力联合开展工作。

这些活动是为当地区域政策的制定提供科学依据，以减轻全球变化的有害影响，无论这种变化是自然原因还是人类活动引起的。IAI 的目标就是保护我们的地球，增进人类的幸福。这些努力与目前正在进行的计划（IGBP、WCRP、HDP）以及正在实施类似创议的其他地区紧密合作。而 IGBP、WCRP 和 HDP 的“全球变化分析、研究和培训系统”（START）则是促进这一合作的最适宜途径。

IAI 的主要目标是：①指导和支持基础研究；②收集和管理数据；③促进人类资源的开发；④为制定与全球变化有关的公共政策作出贡献。

此外，IAI 未来发展的基本原则如下。

① 科学优势。所倡议的科学计划与项目将依据其科学优势和科学价值进行筛选，并经过高级评审系统进行评价。

② 与地区性全球变化问题有关。主要致力于个别国家或个别研究所不能从事的地区性

或全球性科学问题。

③ 为教育与培训作出贡献。帮助满足对年轻骨干科学家的需要，以便能够以跨学科的方式运行，并能与地方和国家的决策者以及国际科学团体有效地进行交流。

④ 促进标准化数据和信息的交换。

3. 国家网络

除以上提到的全球性和区域性网络外，许多国家也建立了自己的监测网络系统，如美国的长期生态学研究网络（LTER）、英国的环境变化监测网络（ECN）、德国的陆地生态系统研究网络（TERN）。

三、中国生态系统监测研究网络

随着生态学研究的深入，我国的生态学出现了两点重要变化，其一是与学科特点相适应，建立了诸多野外生态监测站点；其二是与国际生态学的发展和时代特点相适应，加快了有关生态学信息的收集与交流。很清楚，这两个方面的发展是我国生态监测发展的重要标志，也是生态监测技术发展的重要基础和载体。

1. 中国生物圈保护区网络（CBRN）行动计划

自然保护区是对生物多样性加以保护、研究和持续利用的关键区域。中国是生物物种资源丰富的国家，据《1999年中国环境状况公报》，截至1999年底，我国已建立各种类型的自然保护区1146个，总面积8815.2万公顷（其中陆地面积8450.9万公顷，约占陆地国土面积的8.8%；海域面积364.3万公顷）。其中国家级自然保护区155个（截至2007年8月，国家级自然保护区为303个），面积5751.5万公顷。

长白山、鼎湖山、卧龙、武夷山、梵净山、锡林郭勒、博格达峰、神农架、盐城、西双版纳、天目山、茂兰、九寨沟、丰林、南麂列岛、白水江、高黎贡山、黄龙、山口红树林共19个自然保护区被联合国教科文组织列入“国际人与生物圈保护区网”；扎龙、向海、鄱阳湖、洞庭湖、东寨港、青海湖及香港米浦7个自然保护区被列入《国际重要湿地名录》；九寨沟、武夷山、张家界、庐山4个自然保护区被联合国教科文组织列为世界自然遗产或自然与文化遗产。

为积极参与保护生物多样性的联合行动，1993年4月中国人与生物圈（MAB）国家委员会第八次会议决定在中国建立生物圈保护区网络。据曹月华、赵士洞（1997）的资料统计，我国加入中国生物圈保护区网络的自然保护区为45个。CBRN的主要行动包括国际合作、培训、信息、科学研究及持续发展五个方面。

2. 中国生态系统研究网络（CERN）

中国生态系统研究网络（CERN）是为了监测中国生态环境变化，综合研究中国资源和生态环境方面的重大问题，发展资源科学、环境科学和生态学而于1988年开始建立的。目前，该研究网络由13个农田生态系统试验站、9个森林生态系统试验站、2个草地生态系统试验站、6个沙漠生态系统试验站、1个沼泽生态系统试验站、2个湖泊生态系统试验站、3个海洋生态系统试验站以及水分、土壤、大气、生物、水域生态系统5个学科分中心和1个综合研究中心组成。

CERN是中国科学院知识创新工程的重要组成部分，是我国生态系统监测和生态环境研究基地，也是全球生态环境变化监测网络的重要组成部分。CERN不仅是我国开展与资源、生态环境有关的综合性重大科学问题研究的实验平台，而且也是生态环境建设、农业与林业生产等高新技术研发基地，中国生态学研究与先进科学技术成果的试验示范基地，培养生态学领域高级科技人才基地，国内外合作研究与学术交流基地和国家科普教育基地。

当前 CERN 科学研究的主要目标为：

① 通过对我国主要类型生态系统的长期监测，揭示其不同时期生态系统及环境要素的变化规律及其动因。

② 建立我国主要类型生态系统服务功能及其价值评价、生态环境质量评价和健康诊断指标体系。

③ 阐明我国主要类型生态系统的功能特征和 C、N、P、H_2O 等生物地球化学循环的基本规律。

④ 阐明全球变化对我国主要类型生态系统的影响，揭示我国不同区域生态系统对全球变化的作用及响应。

⑤ 阐明我国主要类型生态系统退化、受损过程机理，探讨生态系统恢复重建的技术途径，建立一批退化生态系统综合治理的试验示范区。

根据中国科学院知识创新工程的总体规划，结合国际科学前沿、国家需求，现阶段的主要研究方向为：

① 我国主要类型生态系统长期监测和演变规律。

② 我国主要类型生态系统的结构功能及其对全球变化的响应。

③ 典型退化生态系统恢复与重建机理。

④ 生态系统的质量评价和健康诊断。

⑤ 区域资源合理利用与区域可持续发展。

⑥ 生态系统生产力形成机制和有效调控。

⑦ 生态环境综合整治与农业高效开发试验示范。

第四节　生态监测的理论依据

生物与其生存环境是统一的整体。环境创造了生命，生物又不断地改变着环境，两者相互依存、相互补偿、协同进化。这是生物进化论的基本思想，是生态学最重要的理论基础之一，同时也是生态监测理论依据的核心。

一、生态监测的基础——生命与环境的统一性和协同进化

生物系统各层级之所以能够作为“仪器”来指示其生存环境的质量状况，从根本上说，这是由两者间存在着相互依存和协同进化的内在关系决定的。

根据进化论的理论，原始地球是一个没有生命的世界，原始生命始于无机小分子（图 1-1），它是物质进化的结果。产生生命的物质运动，包括天体运动尤其是太阳辐射能起了重要作用。生命的产生是地球上各种物质综合作用的结果，正是从这种意义上说，环境创造了生命，生命是适应于这一环境的一种特殊的物质运动。

然而，生命一经产生它又在其发展进化过程中不断地改变着环境，形成了生物与环境间

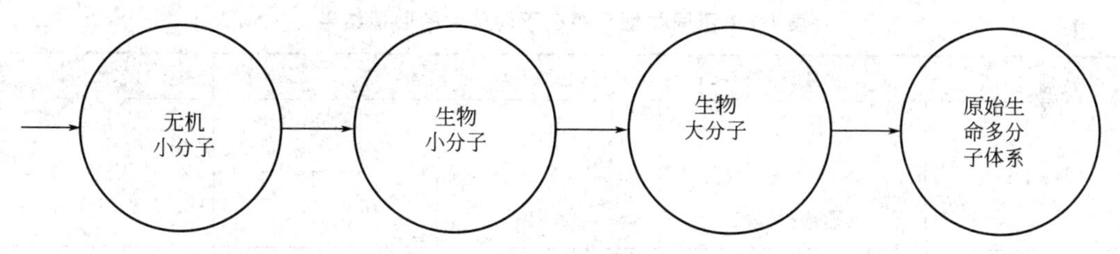

图 1-1 原始生命产生的大致过程

相互补偿和协同发展的关系。生态学中介绍的群落原生演替就是这方面的典型例子。许多发展到“顶极”阶段的群落，都是从裸露的岩石上演化起来的。最初只有地衣定居于岩石表面，此时的环境并没有可供植物着根的土壤，更没有充分的水和营养物质。但是地衣生长过程中的分泌物和尸体的分解，不但把等量的水和营养物质归还给环境，而且还生成不同性质的物质促进岩石风化而变为土壤。其结果是环境保存水分的能力增强了，可提供的营养物质的种类和数量增加了，从而为高一级植物（苔藓类）创造了生存条件。如此下去，生物从无到有，从只有植物或动物到两者并存。生物群落从低级阶段向高级阶段发展——小生境异质性和物种多样性增加、结构和功能趋向于相对稳定和完善的“顶极”状态。在这一过程中，环境由光秃秃的岩石裸地向着小生境增多的方向演变，原生演替是生物改变环境的过程，是两者协同发展的过程。

生物与环境间的这种关系，是在自然界长期发展中形成的。因此，生物的变化既是某一区域内环境变化的一个组成部分，同时又可作为环境改变的一种指示和象征。生物与环境间的这种统一性，正是开展生态监测的基础和前提条件。

二、生态监测的可能性——生物适应的相对性

生物对环境的适应实际上就是各种生物能够很好地生活于某一种环境条件的适宜现象。适应是普遍的生命现象，生物的多样性其中就包括了适应的多样性。南极大陆是地球上最寒冷的地方，年均温度为－25℃，最低温度达－88℃。即使在这样极端的环境条件下，生活的已知动物仍达 70 余种。这个区域水体中生活的许多鱼类，能够合成不同寻常的生化物质——抗冰蛋白，它可使鱼类降低血液的冰点。据分析，南极海水的冰点－1.8℃，而含有抗冻蛋白的鱼类的血液冰点是－2.1℃，这就保证了这些鱼类在该海域里的安全生存。

适应是长期进化的结果。在一定环境条件下，某一空间内生物群落的结构及其内在的各种关系是相对稳定的。当存在人为干扰时，一种生物或一类生物在该区域内出现、消失或数量的异常变化都与环境条件有关，是生物对环境变化适应与否的反映。在欧洲的若干种尺蛾都有两种类型的分化。一种为常态型，体呈灰色；另一种为突变型，体为黑色。灰色尺蛾在非工业区占优势，黑色尺蛾在工业区占优势。有人曾用一种尺蛾（*Biston betulartia*）的上述两种类型在工业区和非工业区进行了标记重捕试验（表 1-2），结果是两个区内两类尺蛾的回捕率完全相反。这个结果说明，生物生存的机会不完全是随机的，生存有选择性。生物与其生存环境的适合度高低，是生存选择结果的决定条件。

但是，生物的适应具有相对性。相对性的一层含义是生物为适应环境而发生某些变异，上述尺蛾类型分化就是生物适应环境的一种变异；另一种含义是生物的适应能力不是无限的，而是有一个适应范围（生态幅），超过这个范围，生物就表现出不同程度的损伤特征。以群

表 1-2　不同类型尺蛾在不同条件的回捕结果

地点	总数量/只	灰色数/只	黑色数/只	总数/只
非工业区	释放数	492	473	969
	回捕数	62	30	92
	回捕数/释放数	12.5%	6.3%	
工业区	释放数	137	447	584
	回捕数	18	123	141
	回捕数/释放数	13.1%	27.5%	

落结构特征如物种多样性、物种丰富度、均匀度以及优势度和群落相似性等作为生态监测指标就是以此为理论依据，正是生物适应的相对性才使生物群落发生着各种变化和演替。

三、污染生态监测的依据——生物的富集能力

生物学富集（biological enrichment）是指生物体或处于同一营养级上的许多生物种群，从周围环境中浓缩某种元素或难分解物质的现象，亦称为生物学浓缩（biological concentration）。

生物富集现象是生物中普遍存在的现象之一。生物在生命活动的全过程中，需要不断地从外界摄取营养物质，以构建自己的机体和维持各种生命活动。生物在从外界摄取营养物质的同时，必然使体内一些物质或元素的浓度大大超过环境中的浓度。在长期的进化历程中，生物对环境中某种元素或各类物质的需求与其生活环境条件间的“供需”关系基本是协调的。但人类的干扰如农药的使用、某些人工合成化学物质等进入环境后，也必然要被生物吸收和富集，而且还会通过食物链在生态系统中传递和被放大。当这些物质超过生物所能承受的浓度后，将对生物乃至整个群落造成影响或损伤，并通过各种形式表现出来。污染环境的生态监测就是以此为依据来分析和判断各种污染物在环境中的行为和危害的。

四、生态监测结果的可比性——生命具有共同特征

生态监测结果常受多种因素的影响而呈现出较大的变化范围，这就为同一类型（如森林或草地）不同生态系统间生态监测结果的对比增加了困难，但这并不等于生态监测结果不具有可比性。从根本上说，生态监测结果的可比性是因为生命具有共同的特征，如各种生物（除病毒和噬菌体外）都是由细胞所构成的，都能进行新陈代谢、具有感应性和生殖能力等。这些共同特征决定了生物对同一环境因素变化的忍受能力有一定的范围，即不同地区的同种生物抵抗某种环境压力或对某一生态要素的需求基本相同。例如，在我国广泛分布的白鲢鱼（加拉丁），其性成熟年龄和产卵时间南、北方差别较大，但达到性成熟所需的总积温却基本相同（表 1-3）。人为干扰（如受纳电厂冷却水的水库或湖泊）可使其性成熟年龄或产卵时间提前（表 1-4）。这是人为干扰作用存在的表现和水体增温的结果，但并没有改变鱼类性成熟对总积温的需求。所以，生命具有共同特征是生态监测结果可比性的基础之一。

表 1-3 不同地区白链性成熟总积温对比

项目	广西	江苏	吉林	黑龙江
生长期(月数)	12	8	5.6	5.5
生长期平均水温/℃	27.2	24.1	20.5	20.2
生长总积温/℃	9792.0	5780.0	3485.0	3333
性成熟年龄	2	3～4	5～6	5～6
性成熟总积温/℃	19584.0	17340～23120	17425～20910	16665～19998
性成熟总积温均值/℃	19584.0	20230	19167	18331

表 1-4 人为增温对鲤鱼产卵期影响的监测

水体与样站		最早产（见）卵时间			年总积温/℃
		1973 年前	1984 年	1985 年	
增温水体	增温＞3℃	每年 4 月下旬或 5 月上旬	4 月 14 日	4 月 17 日	
	增温＜3℃		4 月 18 日	4 月 15～17 日	6478.4
	自然水区		4 月 23 日	4 月 18 日	4857.4
邻近自然水体		与增温水体相同		5 月 7 日	4013.6

另外，各类生态系统的基本组成成分是相同的。采用结构和功能指标可以对不同生态系统的环境质量或人为干扰效应的生态监测结果进行对比，如系统结构是否缺损，能量转化效率、污染物的生物学富集和生物学放大效应等均可用作比较的指标。只要方法得当、指标体系相同，不同地区同一类型生态系统的生态监测结果是可以进行比较的。

第五节 生态监测的分类

对生态监测类型的划分方法有许多种，可以按生态系统类型划分，分为城市生态监测、森林生态监测、草原生态监测及荒漠生态监测等。这类划分突出了生态监测对象的价值尺度，旨在通过生态监测获得关于各生态系统生态价值的现状资料、受干扰（特别指人类活动的干扰）程度、承受的能力、趋势等。也可以从空间尺度上进行划分。

一、按生态系统类型划分

自然生态系统是在一定时间和空间范围内，依靠自然调节能力维持的相对稳定的生态系统，如原始森林、海洋等。由于人类的强大作用，绝对未受人类干扰的生态系统已经没有了。自然生态系统可以分为水生生态系统及陆生生态系统。

(1) 水生生态系统的生态监测 水生生态系统主要指以水为基质的生态系统，包括河流、湖泊、湿地等。由于水体受到酸雨污染、重金属污染、热污染、富营养化等各种影响，水体中水生生物的组成和数量都可以间接反映出水体污染的影响。

一般对于湖泊酸化监测的生物学指标可以包括：表水层的藻类物种组成；浮游植物的生产力、生物量和多样性（辛普森指数）；表水层的叶绿素含量；每年出现的双翅目昆虫的密度；浮游动物的生物量组成百分比；鱼类的生理指标及群落结构；底栖生物指标等。

(2) 陆生生态系统的生态监测 陆生生态系统主要指以陆地土壤或母质等为基质的生态系统，包括森林、草原等。森林生态系统是森林群落与其环境在功能流的作用下形成的一定结构、功能和自调控的自然综合体，是陆地生态系统中面积最多、最重要的自然生态系统，森林不仅能够为人类提供大量的木材和林副业产品，而且在维持生物圈的稳定、改善生态环境等方面起着重要的作用。例如，森林植物通过光合作用，每天都消耗大量的二氧化碳，释放出大量的氧，这对于维持大气中二氧化碳和氧含量的平衡具有重要意义。又如，在降雨时，乔木层、灌木层和草本植物层都能够截留一部分雨水，大大减缓雨水对地面的冲刷，最大限度地减少地表径流。枯枝落叶层就像一层厚厚的海绵，能够大量地吸收和贮存雨水。因此，森林在涵养水源、保持水土方面起着重要作用，有“绿色水库”之称。

草原生态系统是由草原地区生物（植物、动物、微生物）和草原地区非生物环境构成的，进行物质循环与能量交换的基本机能单位。草原生态系统在其结构、功能过程等方面与森林生态系统、农田生态系统具有完全不同的特点，它不仅是重要的畜牧业生产基地，而且是重要的生态屏障。由于过度放牧以及鼠害、虫害等原因，我国的草原面积正在不断减少，有些牧场正面临着沙漠化的威胁。因此，必须加强对草原的合理利用和保护。

由于我国幅员辽阔，自然地理条件差异极大，陆地生态环境类型复杂多样，不同的陆地生态系统都有其特定的功能特点。因此，在选择监测指标时要因地制宜，体现不同区域自然条件的优势和生态过程的特点。具体生态监测方法及指标等详见本书第三章。

二、按空间尺度划分

1. 宏观生态监测

对象的地域等级至少应在区域生态范围之内，最大可扩展到全球。宏观生态监测以原有的本底图和专业数据为基础，采用遥感技术和生态图技术，建立地理信息系统（GIS）。其次也可采取区域生态调查和生态统计的手段。

2. 微观生态监测

研究对象的地域等级最大可包括由几个生态系统组成的景观生态区，最小也应代表单一的生态类型。微观生态监测以大量的生态监测站为工作基础，以物理、化学或生物学的方法对生态系统各个组分提取属性信息。

宏观生态监测必须以微观生态监测为基础，微观生态监测又必须以宏观生态监测为主导，二者相互独立，又相辅相成，一个完整的生态监测应包括宏观和微观监测两种尺度所形成的生态监测网。此外，微观生态监测又可分为干扰性生态监测、污染性生态监测和治理性生态监测以及环境质量现状评价生态监测。

三、其他分类

根据监测目的和性质也可以将生态监测进行划分，如干扰性生态监测、污染性生态监测、治理性生态监测、恢复性生态监测、生态系统管理的监测等。

第六节　生态监测的基本方法概述

一、理化监测方法

主要包括分析环境中各种污染物及土壤中元素含量的化学分析法及仪器分析法，监测气象因子的气象观测法，监测河流水文状况的水文监测法，监测放射性污染的放射性监测等。

二、生物学及生态学监测方法

主要包括以下四种方法。

(1) 生物群落调查法　通过采样调查评估生态系统受干扰（或受损）状态下生物体的受损症状（指示生物）、生物种群数量变化及群落结构的变化，利用生物群落组成和结构的变化及生态系统功能的变化为指标监测环境污染。包括对生态系统的生产力、呼吸量等方面的调查。

(2) 毒理学方法和遗传毒理学方法　毒理学方法是以污染物引起机体病理状态和死亡为指标监测环境污染状况。遗传毒理学方法是利用染色体畸变和基因突变为指标监测环境污染物的致突变作用。

(3) 生理生化法　通过生物的行为、生长、发育以及生理生化变化等指标来监测环境污染状况。

(4) 生物化学成分分析法（残毒测定法）　通过测定生物体内污染物的含量来估测环境受污染程度。

三、环境变迁断代方法

环境变迁中的断代是利用各种科学方法确定过去各种环境事件发生的年代。常用的断代技术有：^{14}C放射性测年、热释光/光释光法、裂变径迹法、氨基酸法、核磁共振法、古地磁法、湖泊纹泥、树轮、珊瑚法、生物地层法、不平衡铀系法、电子自旋共振法、^{36}Cl断代法等。

1. 冰层断代分析

在极地冰盖、高原和高山冰帽或平顶冰川钻取的冰芯中，可以分辨出明显的堆积年层。通常夏季冰颗粒粗，秋季冰密度大且硬度高，常成为冰片透镜体，冬春季多风沙而形成污化冰。冰层随着积累加厚而被压缩，但年层仍可以辨别出来。在更深的冰层中，出于压缩比例较大，年层难以用肉眼分辨出来。但冰层氧同位素测定发现，每年的冰层中夏季冰^{18}O含量高，冬季冰^{18}O含量低，据此可以判别出1000 m深处冰的年层从而为之断代。

2. ^{14}C年代测定

^{14}C年代测定是利用同位素^{14}C的放射性衰变原理来确定年代。^{14}C是放射性同位素，产生于高层大气中，是高空宇宙射线轰击大气中的氮原子而产生的。^{14}C可以与氧结合形成CO_2进入大气和水中，在光合作用中为植物吸收，通过食物链进入动物体内。^{14}C按放射性规律而衰变，活的生物体内^{14}C的浓度与自然界保持平衡，当生物死亡后其体内^{14}C得不到补充，按其衰变规律递减，从而使埋藏在地层中的有机体成为天然的“计时器”。因此，测定生物化石、木炭、木头、贝壳、泥炭、地下水的^{14}C含量，经过计算就可以求得其^{14}C年龄。通过利用树木年轮建立起来的校正曲线校准，可以将^{14}C年龄转换为日历年龄，从而使之与历史年代相衔接。

3. 古地磁年龄测定

古地磁学是通过测定岩石和沉积物的天然剩余磁性来研究地球磁场的变化过程，这里的剩余磁性是指岩石和沉积物形成时，在当时地球的磁场中磁化而获得的磁性。因而，天然剩余磁性也可称为“化石磁性”。岩石和沉积物在磁场中能够被磁化，是因为其中含有铁的氧化物和硫化物，即铁磁性矿物。这些细小的矿物像一些小小的磁针，顺应当时当地磁力线的方向而排列，并长期保持这种状况。这样，岩石和沉积物就记录了当时地球磁场的方向和强度。剩余磁性主要有三类：①热剩磁，岩浆在冷却成岩的过程中，当其温度低于居里点时（即冷凝点，500～650℃），在地磁场中磁化而获得的磁性；②化学剩磁，化学岩在结晶或重结晶时，其中的铁磁性物质在地球磁场中获得的磁性；③碎屑剩磁，碎屑物质在水和大气中沉积时，其中的铁磁性颗粒从地球磁场获得的磁性。在环境变迁研究中，通过系统测定沉积物剖面的剩余磁性，建立其极性序列，并与古地磁年代表对比，就可以为这些沉积地层断代。

4. 其他方法介绍

(1) 树木年轮断代　在中高纬度地带、高山高原地区气候的季节性比较明显，因而树木的生长年轮就很清晰。每个年轮由春季的粗细胞软材和夏秋的小细胞硬材构成，在横截面上用显微镜可以明确地辨别出来。因此在利用树木年轮研究气候变化的同时，也就建立了准确的年代控制序列。

(2) 珊瑚体年层断代　大多数珊瑚体具有清晰的生长年层，通常一个年层厚数毫米到数厘米，在磨光的剖面上显示出由一个暗色层和一个淡色层组成，它反映的是一年生长过程中密度的变化。还可以通过测定剖面^{18}O的变化、多个珊瑚体剖面的微量元素分析、放射性同位素分析、荧光分析获得各种断代参数，从而交叉断代以提高断代精度，减少误差。

(3) 地衣测量　冰川退缩过程中新暴露出的岩石或冰物砾石表面，常为地衣孢子最先着生繁殖，其生长速度比较缓慢且持续稳定。通过广泛测定这些地区可知不同年龄的地衣直径，首先建立当地地衣直径与年龄的关系式，就可以根据直径来确定那些古老地衣的年龄，从而也就确定了冰川从那些地区退出的年代。地衣测量法也可用于对历史地震山崩、河流洪水和海岸变化等进行断代。

(4) 湖泊纹泥断代　在气温年较差比较大、季节性明显的地区，某些湖泊沉积速率较小而且稳定，每一年的沉积物厚度只有1～2mm。在每一年层中包含着较粗的春夏沉积层和较细的秋冬沉积两个纹层，前者代表冰雪消融、入湖水量大和泥沙较粗且丰富的时期；后者则是纯黏土质沉积，表明土地和湖面都被冻结，没有来水来沙，沉积物是水中的有机质、胶体或者溶解物质。通常采得湖泊岩芯之后，整修出光滑的剖面，用肉眼或在读数显微镜下统计数出纹泥层数，就可以建立沉积物的年代序列。

(5) 热释光和光释光测年　沉积物所含有的石英和长石晶体中具有晶格缺陷。当这些矿物受到天然放射线（α、β、γ）的辐射时会产生自由电子，这些电子常被晶陷俘获而积聚起来。当石英和长石晶粒被加热到500℃以上时，这些被俘获的电子就会从晶陷中逃逸出来，并以发光的形式释放能量，称之为热释光。热释光之所以能用来断代，是因为：热释光量（光子数）与石英晶陷中俘获的电子数成正比；而晶陷中的电子数又与石英长石晶粒所接受的辐射剂量成正比；辐射剂量与时间成正比。这样，石英长石晶陷中的电子就成为沉积物的“计时器”。石英长石晶粒的热释光量与年代相联系，根据这一原理，热释光测定的是一个样品最近一次受热事件以来所经历的时间。北京大学对北京王府井东方广场古人类遗迹进行热释光断代发现，上层为距今1.5万～1.9万年，下层为距今2.2万～2.6万年。

光释光测年的基本原理与热释光相同，只是利用单色光束激发石英长石晶陷中的电子，使其发光释放能量，所以称为光释光。根据激发光源的不同，光释光测年技术可以分成以下几类。

① 红外释光。激发光源为红外线束，典型的红外波段在850nm附近，而许多长石发出的光释光信号为紫光-蓝光（390～440nm），因此，两者之间容易分开。目前广泛采用的滤光片为Scott BG-39，它能使蓝光-绿光通过，而对750μm以上波长的光完全吸收。

② 绿光释光。可用于石英和长石测年。激发光为可见光（波长500～560nm），而石英发出的光释光信号波段为近紫区（360～420nm）。因此，选择滤光片较为困难，既要能阻止激发光干涉释光信号，又要让较多的释光信号通过。有人用的滤光片为Hoya U-340，它的透射光的波峰为340nm。现新发展起来的选频光释光技术，使用的设备是光释光谱仪——BG1999，它可以利用对激发光源的选择从地质样品中确定最佳的测定年龄的矿物，使所得的年龄数据真实可信。

(6) 裂变径迹测年　天然硅酸盐矿物中^{238}U的原子核，能够自发地裂变并释放出很大能量。裂变后的两个裸核向相反方向运动，在穿越固体介质时从其原子里获得电子，并在其路径上造成辐射损伤区，这种伤痕称为裂变径迹。裂变径迹是极微细的线状痕迹，长度在微米级，在高倍显微镜下才能观察到。单位面积上裂变径迹的数目（密度）与岩石、矿物的年龄和铀的含量有关，因而，通过统计裂变径迹可以确定矿物的年代。矿物在受热时裂变径迹会消失（退火），因而裂变径迹法测定的年代也是矿物在最近一次热事件之后经历的时间。

(7) ^{36}Cl断代法　^{36}Cl断代法是目前直接测定大陆蒸发盐的唯一方法。大陆蒸发盐的^{36}Cl断代原理是：大气降水、河水、泉水等汇入闭流盆地中，带入了各种成因的^{36}Cl及其稳定同位素。Cl在湖水中的停滞时间与其浓度有关，当湖水蒸发达到饱和时，Cl以氯化物的形式沉积下来，^{36}Cl便进入氯化物晶格中，而后又以β衰变逐渐减少。该方法可测定距今几万年到200万年间蒸发盐的沉积年龄。Phillips等首先应用^{36}Cl断代法成功地研究了美国Searles盐湖中的沉积年龄。黄麒和Phillips测定了中国柴达木盆地朵斯库勒湖和大浪滩盐湖钻孔岩芯中石盐的沉积年龄。此外，^{36}Cl断代法还可以对冰石渍物进行年龄测定，对火山岩的曝露年龄进行研究。

参 考 文 献

[1] 姜必亮．生态监测．福建环境，2003，20（1）：4-6.
[2] 罗泽娇，程胜高．我国生态监测的研究进展．环境保护，2003，（3）：41-44.
[3] 刘培哲．苏联的环境监测．北京：中国环境科学出版社，1989.
[4] 宫国栋．关于“生态监测”之思考．干旱环境监测，2002，16（1）：47-49.
[5] 付运芝，井元山，范淑梅．生态监测指标体系的探讨．辽宁城乡环境科技，2002，22（2）：27-29.
[6] 曹月华，赵士洞主编．世界环境与生态系统监测和研究网络．北京：科学出版社，2007.
[7] 段昌群主编．环境生物学．北京：科学出版社．2004.
[8] 盛连喜主编．环境生态学导论．第二版．北京：高等教育出版社．2009.

思 考 题

1. 简述生态监测的基本方法。
2. 简述生态学理论在生态监测中的应用。

微观生态监测

第一节　指示生物法

指示生物法自古有之。早在两千多年前，我国劳动人民就懂得用植物的特征来指示土壤的肥瘠、地下水的深浅、气候变化和地下有无矿藏等。人们在下枯井或矿井前，先用绳子缚一只鸡于井中，以鸡的死活来探查井中是否存有毒气。国外有人在矿井坑道或可能产生毒气的地方喂养金丝鸟，通过观察鸟有无异常反应来判断井中是否存在毒气。与上述方法相比，现代的指示生物法则向着更细致、更确切和定量化的方向发展。

一、指示生物及其基本特征

指示生物（indicator organism）就是对环境中某些物质，包括污染物的作用或环境条件的改变能较敏感和快速地产生明显反应的生物，通过其反应变化可以了解环境的现状和变化。利用指示生物来监测环境状况的方法就是指示生物法。

生态监测中的指示生物通常具有以下基本特征。

(1) 对干扰作用反应敏感且健康　即对某种异常干扰作用在绝大多数生物尚未做出反应的情况下，指示生物中健康的个体却出现了可见的损害或表现出某种特征，有着“预警”的功能。由于生物种类很多，不同生物甚至同种生物不同品种和亚种对同一干扰的反应都不同，因此要根据监测对象和监测目的挑选相应的敏感种类作为指示生物。

(2) 具有代表性　从指示效果的角度要求，指示生物的适宜性越狭越好。但这样的生物在群落中分布的区域较小，数量较少。因此，指示生物除具有敏感性强的特点外，还应是常见种，最好是群落中的优势种。

(3) 对干扰作用的反应个体间的差异小、重现性高　许多生物个体差异很大，若以此作为指示生物往往会影响监测结果的准确性。指示生物应是个体间差异小的种类，可以保证监测结果的可靠性和重现性。用作指示生物的植物，最好选用无性植物，这类植物在遗传上差异很小，可保证可信度较高的监测结果。

(4) 要具有多功能性　即尽量选择除监测功能外还兼有其他功能的生物，达到一举多得的目的。如有的指示生物有经济价值，有的有绿化或观赏价值等。国内外在大气污染的监测上，常选用唐菖蒲、秋海棠、牡丹、兰花、玫瑰等，既可观赏和获得经济效益，又能起到报警的作用。

二、指示生物的选择方法

1. 生物敏感性的划分

指示生物的选择，首先应考虑生物敏感性（或抗性）的分级标准，确定敏感性。同一种生物，由于采用的标准不同，所归入的敏感性等级就不同。如在植物敏感性的标准划分上，有的是根据植物的经济效益来断定，有的则根据叶片的受害程度来划分。目前，国内外对于生物敏感性的划分还没有统一的分级标准，大多采用“三级制”，即敏感（或抗性弱）、抗性中等和抗性强。

(1) 敏感　该类植物不能长时间生活在一定浓度的有害气体污染环境中。否则，植物的生长点将干枯；全株叶片受害普遍、症状明显，大部分受害叶片迅速脱落；生长势衰弱，植物受害后生长难以恢复。

(2) 抗性中等　该类植物能在一定浓度的有害气体环境中存活较长时间。在遭高浓度有害气体胁迫后，生长恢复慢，植株表现出慢性中毒症状，如节间缩短、小枝丛生、叶形缩小以及生长量下降等。

(3) 抗性强　该类植物能较正常地生活在一定浓度的有害气体环境中，基本不受伤害或受害轻微，慢性受害症状不明显。在遭受高浓度有害气体胁迫后，叶片受害轻或受害后生长恢复较快，能迅速萌芽发出新叶，并形成新的树冠或枝叶。

也有采用“四级制”进行划分，即在三级制的基础上，把抗性中等再细划分为较敏感和抗性较强两级。

江苏省植物研究所曾对60余种木本植物的实生苗进行过 SO_2 人工熏气试验，依据经 20×10^{-6} SO_2 熏气后受害叶面积的百分比，把植物的敏感性分为四级：Ⅰ级——抗性强，受害叶面积为0～7%；Ⅱ级——抗性较强，受害叶面积为7%～25%；Ⅲ级——抗性中等，受害叶面积为25%～65%；Ⅳ级——抗性弱，受害叶面积为65%～100%。

美国学者曾对300余种植物进行了多年试验，以对 SO_2 最敏感的紫花苜蓿的指数作为“1”，把指数在1.5以上的植物定为敏感植物；指数在2.6以上的定为抗性植物；大多数植物的指数在1.6～2.5之间，属于反应中等植物（表2-1）。

表2-1　植物对 SO_2 毒害反应的比较

敏感植物		反应中等植物		抗性植物	
植物名称	指数	植物名称	指数	植物名称	指数
紫花苜蓿	1.0	蒲公英	1.6	美人蕉	2.6
紫茉莉	1.1	番茄	1.7	马铃薯	3.0
莴苣	1.2	苹果	1.8	蓖麻	3.2
燕麦	1.2	黄金树	1.9	紫藤	3.3
向日葵	1.3～1.4	包菜	2.0	忍冬	3.5
南瓜	1.4	豌豆	2.1	木槿	3.7
小麦	1.5	秋海棠	2.2	黄瓜	4.2
		桃	2.3	芹菜	6.4
		鸢尾	2.4	女贞	15.0
		李子	2.5		

注：引自江苏省植物所，1978。

生物对污染或其他因子作用强度的抗性与其生物学特性有关，就植物而言，抗性强的物种通常具有以下特征。

① 叶片较厚、革质，外表皮角质化或表面具有蜡质层，气孔较少，叶背面多毛。这些结构特征都有利于减少有害气体的进入，从而增强植物对有害气体的抵抗力。

② 特殊的生理特性。如在生理上具有积累、转移、消耗、抗御污染物的能力，可以增强某些植物抵抗 SO_2 和 HF 的能力；还有一些植物在受到胁迫时会关闭气孔，暂停气体交换，提高抗性。

③ 较强的再生能力。有些植物（如构树和女贞等）在受到有毒气体胁迫后可迅速恢复，在污染区具有较强的生存能力。

不同植物（包括动物）对污染的抵抗能力是不同的（表 2-2），但某些植物对不同污染物的抗性往往是一致的。例如，对 SO_2 抗性强的植物通常对氯气、氟化物等抗性也比较强。

表 2-2 植物对不同污染气体抗性比较

植物	SO_2	HF	NO_2	O_3
柑橘	强	中	—	—
木槿	强	—	强	—
银槭	强	中	—	弱
杏	中	弱	—	—
葡萄	中	弱	—	弱
梨	弱	强	—	—
紫花苜蓿	弱	弱	—	弱
唐菖蒲	强	弱	—	—

注：引自张志杰，1982。

2. 指示生物的选择方法

（1）现场比较评比法 该方法适用于对已知单一污染物的现场进行评价，通过对污染源影响范围内的植物或动物性很小的生物进行观察记录，评价污染程度。选择敏感植物（即受害最重者）作为大气污染监测指示植物，通过比较叶片上出现的伤害症状和受害面积，确定植物的抗性等级；在指示动物种类的选择上，应注重选择着生种类，水体中则应选择底栖动物；从生长和生理两方面的变化综合评价受害程度。该方法要求操作人员具有一定的专业知识和工作经验，操作步骤简单易行，但易受野外条件下各种因子复杂作用的影响，造成个体间的不一致性，从而影响选择结果。

（2）栽培或饲养比较试验法 将各种预备筛选的生物进行栽培或饲养，然后把这些生物置于监测区内观察并详细记录其生长发育状况及受害反应。经一段时间后，评定各种生物的抗性，选出敏感生物。该方法可避免现场评比法中因条件差异造成的影响，但仍会受到某些因子的干扰，影响指示生物选取的准确性。总之，该方法由于环境条件比较一致，对敏感种类的筛选效率比现场评比法高。

植物的栽培试验包括盆栽和地栽两种方法。盆栽法是为排除土壤系统各种因素的干扰而设置的。其优点是用地面积少，即使在不具备栽培条件的地方也能进行监测，同时还兼有植物净化能力测定的功能。其缺点是管理要求严格，苗木准备费工时。地栽法是把经过初选的抗性植物直接栽种于污染环境中，使其受较长时间的作用，经一年以上的试验和观察，苗木生长正常的即是优良抗性植物。

(3) 人工熏气法　动物、植物均适用该方法。将需要筛选的生物移植或放置在人工控制条件的熏气室内，把所确定的单一或混合气体与空气掺混均匀后通入熏气室内，根据不同要求控制熏气时间。动态熏气室是用抽吸的方法，使污染气体不断地进入熏气室，接着又不断被抽出，始终让室内保持浓度一定的污染气体的动态平衡。熏气室装置改进和发展很快，现已有开顶式熏气罩或田间全开放式熏气系统，这些装置更接近于自然状态。人工熏气法优点在于能人工控制试验条件，能较准确地记录生物的反应症状或观察的其他指标，如受害的临界值（引起生物受害的最低浓度和最早时间）以及评比各类生物的敏感性等。

(4) 浸蘸法　通过人工配制某种化学溶液，浸蘸生物的组织或器官。如浸蘸亚硫酸可产生二氧化硫的效果；浸蘸氢氟酸可产生氟化氢的效果等。试验证明，该方法所获结果与人工熏气法基本相符，而且具有简便省时和快速的优点，在没有人工熏气装置时可采用此法。浸蘸法适用于植物，尤其适用于对大量植物的初选。

三、指示生物的指示方式和指标

污染或其他环境变化对生物的形态、行为、生理、遗传和生态等各个方面都可能产生影响。因此，生物在这些方面的反应均可作为指示或监测环境的指标。指示生物法常用的指示方式和指标主要有以下几个方面。

1. 症状指示指标

该类指标主要是指通过肉眼或其他宏观方式可观察到的形态变化。如大气污染监测中指示植物叶片表面出现的受害症状；重金属污染水体中水生生物和鱼类的致畸现象等均属这类指标。

2. 生长势和产量评价指标

生物生长发育状况是各种环境因素作用的综合表现，即使是一些非致死的慢性伤害作用，最终也将导致生物生产量的改变。因此，对于植物而言，各类器官的生长状况观测值都可用来做指示指标，如植物的茎、叶、花、果实、种子发芽率、总收获量等。其中，果树和乔木等木本植物还可采用小枝、茎干生长率、胸径、叶面积、座果率等。动物的指标也基本雷同，如生长比速、个体肥满度等。

3. 生理生化指标

与症状指标和生长指标相比，该类指标更敏感和迅速，常在生物没有出现可见症状之前就已有了生理生化方面的明显改变，已被广泛应用于生态监测中。如大气污染对植物光合作用有明显影响，在尚未发现可见症状的情况下，测量光合作用能得到植物体短暂的或可逆的变化。用于污染监测的生理生化指标很多，如植物呼吸作用强度、气孔开放度、细胞膜的透性、酶学指标（如硝酸还原酶、核糖核酸酶、过氧化氢酶以及转氨酶、糖酵解酶和肝细胞的糖肮等）。但目前应用得比较成功的是鱼类脑胆碱酯酶对有机磷农药的反应。生化指标的优点是反应敏感，但由于同一种酶对不同污染物往往都能产生反应，因此，多数生化指标只能用来评价环境的污染程度，无法确定污染物的种类。

4. 行为学指标

在污染水域的监测中，水生生物和鱼类的回避反应是监测水质的一种比较灵敏、简便的方法。回避反应是指水生生物特别是游动能力强的水生生物避开受污染的水区，游向未受污染的清洁环境的行为反应。这是生物“趋利避害”的本能之一。回避反应试验的目的是阐明水生生物对污染物是否回避以及引起回避反应的浓度。生物回避性能是由于外干扰作用于其感官系统，信息再传递到中枢神经所引起的，它可使水生生物的种类组成、区系分布随之改变，进而打乱原有的生态平衡，尤其是具有洄游习性的种类，常因洄游通道上某一河段遭受污染而无法完成正常的生殖活动。因此，生物回避反应的试验或监测结果，也是分析和判断群落结构状况、指导生物资源保护以及水利工程兴建的重要科学依据。

陈小勇和宋永昌通过（1994）熏气和暴露试验表明，蚕豆叶片可见伤害症状不宜作为监测指标，超氧化物歧化酶（SOD）活性、抗坏血酸（ASA）含量和游离氨基酸（AA）含量作为监测指标，其指示效果优于过氧化物酶（POD）活性和叶绿素含量，其中又以SOD活性为最好，而根据以上5个指标综合评价的效果又要优于任何单个指标。对以上5个指标与大气硫酸盐化速率进行多元线性回归分析，建立如下的关系：

$$Y=0.2888+0.0006X_1-0.0024X_2-0.9861X_3+0.6258X_4+0.1842X_5$$

$$R=0.9932 \quad P<0.01$$

式中，Y 为大气硫酸盐化速率，$mgSO_3/(100cm^2 \cdot d)$；X_1 为SOD活性，U/gfw；X_2 为POD活性，U/gfw；X_3 为抗坏血酸含量，mg/gfw；X_4 为游离氨基酸含量，mg/gfw；X_5 为叶绿素含量，mg/gfw。

值得指出的是，由于影响植物叶片内生理生化指标的因素很多，并且 SO_2 污染与这些指标之间不是简章的函数关系，加上大气中往往存在多种污染物质，因此，生物监测最好能够结合理化手段监测进行。理化监测测得的是具体数值，生物监测偏重于污染的生物效应，只有将两种监测方法有机地结合起来，才能综合地评价大气污染状况。

第二节　土壤环境监测

土壤污染已成为世界性问题。我国的土壤污染问题也较严重，据初步统计，全国至少有1300万～1600万公顷耕地受到农药污染，每年因土壤污染减产粮食1000多万吨，因土壤污染而造成的各种农业经济损失合计约200亿元。不断恶化的土壤污染形势已经成为影响我国农业可持续发展的重大障碍。土壤污染主要来源于工业三废和污水灌溉，主要有以下四种类型。

(1) 重金属污染　重金属中的镉、铜、锌和铅等是污染土壤的主要物质。这些重金属有的是来自工厂废气微粒，随废气扩散降落到土壤中；有的是来自厂矿废水，进入河流通过灌溉再进入土壤，并在土壤中蓄积起来；也有的来源于汽车尾气。此外，一些工业废渣经雨冲淋也可污染土壤和水体。

(2) 农药污染　使用剧毒和残毒性大的农药，不仅污染生态环境，而且会给人类健康和生命安全带来潜在性的危害。

(3) 放射性物质污染　核爆炸后的大气散落物、原子能工业和科研部门排出的放射性废物，均会造成放射性元素对土壤的污染。

(4) 病原微生物污染　人畜粪便处理不当，垃圾堆放不妥，污水灌溉农田时不合卫生要求，都会污染土壤，特别是肠道病原微生物的污染。

总之，土壤污染具有隐蔽性和滞后性、累积性、不可逆转性等特点，导致治理污染土壤成本高，治理周期长，有些重金属污染后的土壤即使采用先进技术也需要100～200年的恢复期。因此，了解土壤对生物的影响和监测土壤污染状况是极为必要的。

一、土壤污染对生物的影响

土壤处于陆地生态系统中无机界和生物界的中心，不仅在本系统内进行着能量和物质的循环，而且与水域、大气和生物之间也不断进行物质交换，一旦发生污染，三者之间就会有污染物质的相互传递。

1. 无机污染物的影响

土壤受到污染后，植物对污染物产生各种反应“信号”，包括形成可见症状，如叶片上出现伤斑；生理代谢异常，如蒸腾率降低、呼吸作用加强，生长发育受到抑制；植物成分发生变化，由于吸收污染物质，使植物体中的某些成分相对于正常情况下发生变化。

土壤受到铜、镍、钴、锰、锌、砷等元素的污染能引起植物生长发育障碍；而受镉、汞、铅等元素污染后，一般不会引起生长发育障碍，而是在植物器官中蓄积。用含锌污水灌溉农田，会对农作物特别是小麦的生长产生较大的影响，造成小麦出苗不齐、分蘖少、植株矮小、叶片发生萎黄。当土壤中含砷量较高时，会阻碍树木的生长，使树木提早落叶、果实萎缩、减产。土壤中过量的铜也能严重抑制植物的生长和发育。当大豆、小麦、玉米等多种农作物遭受镉毒害时，其生长发育均受到严重影响。

植物体内的重金属主要是通过根系从被污染的土壤中吸收的。土壤重金属被植物吸收后可通过食物链危害动物乃至人体的健康。例如1955年日本富山县发生的“镉米”事件（痛痛病事件），其原因是农民长期食用神通川上游铅锌冶炼厂的含镉废水灌溉农田，导致土壤和稻米中的镉含量增加。当人们长期食用这种稻米，镉在体内蓄积，从而引起全身像神经痛、关节痛、骨折以至死亡。

2. 有机毒物影响

利用未经处理的含油、酚等有机毒物的污水灌溉农田会阻碍植物生长发育。20世纪50年代，随着农业生产的发展，在我国北方一些干旱、半干旱地区，为解决水资源紧张这一难题，污水灌溉被大面积采纳推广，这对促进当地农业粮食生产一度起到了积极作用。但随着时间的推移，长期污灌的弊端逐渐暴露出来。例如，用未经处理的炼油厂废水灌溉，结果水稻严重矮化。初期症状是叶片披散下垂，叶尖变红；中期症状是抽穗后不能开花授粉，形成空壳，或者根本不抽穗；正常成熟期后仍无有效分蘖。

农药的大量使用也会导致土壤污染，影响整个生态系统。农药按被分解的难易程度可分为两类：易分解类（如有机磷）和难分解类（如有机氯、有机汞）。难分解的农药成为植物残毒的可能性很大。植物对农药的吸收率因土壤类型、pH值的不同而差异较大。农药溶解度越大越易被生物吸收，农药在土壤中可转化为其他有毒物质，如DDT可以转化为DDD和DDE。北美洲东部地区由于农药DDT的使用而导致处于食物链顶级的猛禽因农药毒害而卵壳变薄，极易破碎，繁殖失败，最后种群数量急剧减少，部分种类逐渐消失。

人类食用含有残留农药的植物或是蓄积农药的动物后，生物体内残留的农药即转移到人体内，这些有害物质在人体内不易分解，长期积累会引起内脏机能受损，使肌体丧失正常生理功能，造成慢性中毒，影响身体健康，尤其是杀虫剂引起的“三致”问题（致畸、致癌、致突变）。

3. 土壤生物污染

成功入侵土壤的有害生物种群会破坏原有的生态平衡，对人体或生态系统产生不良影响。这些污染物主要来源于未经处理的粪便、垃圾、城市生活污水、饲养场和屠宰场的污物等，其中危险性最大的是传染病医院未经处理的污水和污物。

一些在土壤中长期存活的植物病原体能严重地危害植物，造成植物减产。例如，某些植物致病细菌污染土壤后能引起番茄、茄子、辣椒、马铃薯、烟草和园艺花卉等百余种植物的青枯病，能引起果树和园林树种细菌性溃疡和根癌病。某些致病真菌污染土壤后能引起荠菜、芥菜等 100 多种植物的根肿病，引起葫芦科植物的枯萎病以及禾本科植物的黑穗病等。

4. 土壤放射性污染

放射性物质通过干湿沉降进入土壤，并能在土壤中进行积累，形成潜在威胁。植物从土壤中吸收了放射性物质后，将通过食物链传递给动物或人类，造成内照射损伤，以致脱发、头晕和白细胞减少，组织细胞遭受破坏和变异，发生癌变等。如发生在 2011 年 3 月的日本福岛核电站核泄漏事件，将会对当地的生态环境造成严重的污染。

二、土壤污染的生物监测

土壤污染所产生的影响大都是间接的。土壤污染通过土壤—农作物—人体及土壤—地下水（地表水）—人体，这两个最基本的环节对人体产生影响。土壤污染的生物监测包括的范围很广，如土壤污染对农作物生长发育的影响、残毒量的分析以及对土壤微生物等的影响。

1. 植物监测

利用土壤污染的指示植物进行监测（表 2-3）。

① 肥沃土壤：长白萱麻、野凤仙花、绣球花等。

② 瘠薄土壤：杨梅树、山柳、杜鹃花等。

③ 酸性土壤：映日红、铺地蜈蚣等。

④ 碱性土壤：碱蓬、剪刀股等。

表 2-3　植物症状指标

镍、钴污染	抑制新根伸长，形成狮子一样的尾巴
锌过量	洋葱主根肥大和曲褶
铜污染	大麦不能分蘖，长到 4～5 片叶时就抽穗
镉过量	白榆、桑树、杨树等叶褪绿、枯黄或出现褐斑等，不易生长

对于污水灌溉的农业区土壤，可通过农作物生长指标来指示复合污染水平，见表 2-4。

表 2-4　农作物综合指标

非污染	作物生长正常，品质优良，可食部分含污量为灌溉区背景值
轻度污染	作物生长正常，可食部分含污量为中度污染值的一半
中度污染	作物生长基本正常，可食部分含污量显著不同于清洁灌溉区背景值
重度污染	作物生长不正常，可食部分含污量已超过国家规定的食品卫生标准

一些植物对土壤中放射性物质具有敏感性，可作为指示生物。如当土壤遭到放射污染时，曼陀罗花从白色变为洋红色；紫鸭跖草的蓝色花遇到辐射污染会变为红色。

2. 动物监测

土壤中的软体动物蚯蚓是国际上比较成熟的生态监测动物。蚯蚓普遍存在于地球上除冰川、沙漠、南北极等极端环境外的各种生态环境中，如森林、草地、花园和田间等，具有极强的生命力。蚯蚓是土壤动物区系的代表类群。个体大，易于繁殖，分布广泛，处于陆地生态食物链的底部，对大部分杀虫剂和重金属都具有富集作用，是监测土壤及水体环境污染状况的良好指示生物。

(1) 蚯蚓对土壤有机磷污染的指示作用　蚯蚓生物量占土壤动物生物总量的60%，在多种陆地生态系统中控制着物质循环与能量转化的重要环节，对多种重金属、有机磷农药、多氯联苯、多环芳烃、放射性污染物等环境有害物质有反应指示和积累指示的特殊作用。袁方曜（2004）研究表明，在有机磷农药用量极大的菜地中蚯蚓群落与当地普通农田截然不同，菜地中出现的微小双胸蚓、威廉腔蚓和赤子爱胜蚓对有机磷有较好的耐受性（抗性），可用于有机磷污染的指示。

(2) 蚯蚓对土壤重金属污染的指示作用　郭永灿等研究表明，随着土壤重金属污染物浓度的增加，蚯蚓种类明显减少，即重污染区有3个种，中污染区有5个种，轻（未）污染区有8个种。与有机磷污染区类似，微小双胸蚓、威廉腔蚓和赤子爱胜蚓表现出对重金属的耐受性，可用于重金属污染指示。蚯蚓对重金属有很强的富集作用，吸收顺序为Cd＞Hg＞As＞Zn＞Pb，各重金属元素48hLD_{50}分别为Cd 1000mg/kg、Pb 812mg/kg、Cu 633mg/kg、Hg304mg/kg、Zn528mg/kg、Cr428mg/kg。在显微镜下观察，可见重金属污染引起蚯蚓体表溃烂及产生肿瘤，胃肠道黏膜出血、背部血管肿胀，胃肠道黏膜上皮细胞产生萎缩或溃烂灶。重金属污染区蚯蚓高尔基体膨大，线粒体嵴消失，甚至空泡化或解体，核膜间隙肿胀、断裂，核质外溢，胞质自溶。

(3) 蚯蚓的群落结构与超微结构对农药污染的指示作用　在污染土壤中，一些敏感的蚯蚓种群消失，能够耐受污染物的种群被保留，导致蚯蚓的密度和群落结构发生明显变化。蚯蚓作为指示物监测、评价土壤污染，可为整个土壤动物区系提供一个相对安全的污染物浓度阈值。

3. 微生物监测

主要是通过监测土壤中微生物群落的变化来反映土壤受到生物污染的状况。人类的粪、尿是土壤生物污染的主要污染源；其次污水灌溉也可引起土壤的生物污染。通过对土壤中异养菌（主要是细菌、放线菌和霉菌）的分离和计数，观察和了解受测土壤中微生物群系的结构和数量的改变，评价土壤被微生物所污染的状况及程度。

三、土壤质量的生物评价

土壤质量通常被定义为“特定类型土壤在自然或农业生态系统边界内保持动植物生产力，保持或改善大气和水的质量以及支持人类健康和居住的能力”。由于人类对土地的利用和管理对土壤产生不断影响，因此土壤质量是一个动态的概念。不合理的土地管理措施将导致土壤功能的恶化，因而需要一定的工具和方法监测土壤质量。土壤质量主要的表征指标从以往的土壤理化特性转变为以生物学参数来描述。土壤生物学性质能敏感地反映出土壤质量的变化，是土壤质量评价不可缺少的指标。土壤生物学指标通常包括土壤微生物、土壤酶活性和土壤动物。

1. 土壤微生物指标

土壤微生物是土壤生态系统的重要组成部分，对动植物残体的分解、有机质的矿化、腐殖质和团聚体的形成、维持土壤生态系统平衡具有重要作用，表征土壤质量变化。Turco（1994）认为一个高质量的土壤应该具有良好的生物活性和稳定的微生物种群组成。因此土壤微生物量和群落结构、多样性指标可作为监测土壤质量短期和长期变化的敏感指标，也能用于鉴别特定的生态恢复或管理方式的优劣。

(1) 土壤微生物生物量　土壤微生物生物量是土壤养分的储存库和植物生长可利用养分的重要来源，具有灵敏、准确的优点，比微生物个体数量更能反映微生物在土壤中的实际含量和作用潜力，已成为国内外土壤学研究的热点之一。土壤微生物量包括微生物碳（MB-C）、微生物氮（MB-N）、微生物磷（MB-P）和微生物硫（MB-S），均可采用氯仿熏蒸-提取法测定。土壤微生物碳含量变化较大，微生物对有机碳的利用率是反映土壤质量的重要特性之一。C利用率越高，维持相同微生物量所需的能源越少，表明土壤环境越利于土壤微生物的生长，土壤质量较高。土壤微生物氮是植物有效氮的重要储备，微生物的矿化-同化作用是土壤氮素库-源调节的重要机制。土壤微生物磷是有机磷中活性较高的部分，是土壤有效磷的重要组分。土壤微生物硫对土壤硫的有效性及硫在生态环境中的循环具有调控作用。

(2) 土壤微生物群落结构与多样性　微生物群落的种群多样性一直是微生物生态学和环境学科研究的重点和热点。土壤微生物种类繁多且难以培养，考察其种类和数量一直是个极其艰巨的任务。综合运用多种土壤微生物研究方法测定多项指标可以更好地反映土壤退化和生态恢复过程中土壤质量的变化。目前的研究方法大致可分为四类：微生物传统培养方法是一种传统而简便的培养方法；生物化学方法的代表磷脂酸法是一种简单、快速、可重复的提取和纯化的方法，适用于各种生物材料，已被广泛采用；生理学方法——BIOLOG微量分析是一种较快速、简便的好方法，被广泛地应用于土壤微生物群落分析，但目前所拥有的标准数据库亟待完善；分子生物学方法显示出了极大的应用前景，但土壤DNA提取、纯化的方法有待进一步研究。

2. 土壤酶活性指标

土壤酶是指土壤中的聚积酶，包括游离酶、胞内酶和胞外酶，主要源于土壤微生物的活动、植物根系分泌物和动植物残体腐解过程中释放的酶，是催化土壤中生物和生物化学过程持续进行的重要因素。土壤酶活性可以作为反映管理措施和环境因子引起的土壤生物学和生物化学变化的指标。利用土壤酶活性评价干扰对土壤质量的影响时，需要与参照系或特定地区状况进行比较。为简化评价步骤，合理评价某个时刻的土壤质量，有些研究者提出了综合指标，如生物肥力指标、酶数量指标、水解系数指标等，以对酶活性做出评价。Dick探讨研究了土壤酶活性作为土壤质量和生态系统功能指标的可行性以及土壤酶活性对农业管理措施的响应，建立了土壤酶活性与土壤理化因子间的概念模型。Badiane等也提出可以用土壤酶活性监测半干旱地区受干扰生境的土壤质量，并证实了土壤酶活性与生态恢复年限之间有显著的相关性。Vance和Entry发现土壤酶活性比土壤微生物生物量能更好地反映土壤有机质的累积。我国研究者已经分别在多种生态系统内以及多种土壤类型中，对土壤酶活性与土壤肥力的相互关系进行了较为细致的研究（周礼恺等，1983；杨玉盛，1998；文祥等，2010；焦晓光等，2011；谭淑端等，2011；马晓丽等，2011）。

土壤酶学的发展得益于土壤酶检测技术的创新。随着生物化学、分子生物技术的飞速发展，土壤酶的检测技术也取得了长足的进展。透射电子显微镜用于观测叶肉组织超微结构变化的同时也可用于定位研究胞内酶活性的变化。荧光微型板酶检测技术被广泛用来研究土壤酶多样性及其功能多样性。凝胶电泳不仅可以测定胞内酶活性，分析同工酶的差异，也可用于某些酶的分类。此外，超声波降解法、超速离心技术和高压液相色谱等也应用于土壤酶活性的测定。

3. 土壤动物指标

(1) 土壤动物的分布规律　土壤动物群落具有鲜明的空间异质性，体现在水平分布、垂直分布和土壤剖面分布三个方面。大量研究表明，不同气候带的土壤动物群落其类群数、类群组成及个体数量存在明显差异。另外，在同一气候带不同植被类型下，土壤动物群落的类群数及组成与个体数量均有差异。一般为森林＞草原，混交林＞纯林，阔叶林＞针叶林，林地＞农田，天然林＞人工林，次生林＞原生林。土壤动物群落的多样性与土壤有机质含量呈显著的正相关。土壤有机质含量越高，凋落物越丰富，土壤动物群落的多样性就越高。同一山体各垂直带土壤动物的优势类群和常见类群基本相同，稀有类群多有差异，优势类群、常见类群与大气候条件密切相关，而稀有类群与小生境有关，常成为各垂直带的指示动物，能反映各带土壤环境的变化。

土壤动物在土壤中的分布具明显的表聚性，即随着土层深度的增加，土壤动物的种类和数量呈递减之势，而且减少的速度越来越快，在土壤表层 12 cm 以内，即土壤 A 层的范围内土壤动物最丰富，20 cm 以下即至土壤 B 层，土壤动物非常稀少，甚至没有。

土壤动物群落的季节动态研究表明，土壤含水量及土壤温度是影响土壤动物群落季节动态的主导因素。在中温带和寒温带地区，土壤动物群落的种类和数量一般在 7～9 月达到最高，与其雨量、温度的变化基本一致；而在亚热带地区一般于秋末冬初达到最高。同时，不同土壤动物类群的季节动态也不相同，在天目山地区，弹尾目动物的数量大致随雨量的增加而增加，当雨量超过一定范围后，数量反而减少；而线虫的数量与气温、降雨量基本上呈正相关，夏季最多，冬季最少。

(2) 土壤指示动物——蚯蚓　蚯蚓作为指示物监测、评价土壤污染，可为整个土壤动物区系提供相对安全的污染物浓度阈值。目前，利用蚯蚓指示污染物对土壤生态系统造成的影响主要通过 2 种方式。

① 实地调查污染土壤中蚯蚓种群数量及种群结构，从而获得总丰度、种类丰度、多样性指数等参数以评价土壤生态系统的污染程度。

② 实验室条件下，通过毒性和繁殖试验研究污染物对某一种类蚯蚓造成的伤害，即蚯蚓的生态毒理学研究。

第三节　水环境监测

随着水污染的日益加重，测定和评价水体污染的程度成为水环境质量管理和控制的重要方面。水环境中存在大量的水生生物群落，各类水生生物之间及水生生物与其赖以生存的水环境之间存在着相互依存又相互制约的密切关系，当水体受到污染而使水环境发生改变时，不同的水生生物由于对环境的要求和适应能力不同而产生不同的反应，可以据此判定水体污染的类型和程度。

一、细菌在水污染监测中的应用

细菌能在不同自然环境下生长，而且繁殖速度快，对环境变化能产生快速反应。因此，把细菌作为评价水体污染指标已被人们普遍承认和应用。应用细菌作为环境变化的指标，有两种基本方法：①调查种类组成、优势种以及依赖于环境特性而存在特定细菌及数量；②研究细菌群落的现存量、生产力同环境的关系等。现存量一般根据细菌数量测定，有时采用换算系数变为质量，由细菌数换算为干质量的系数为 10^6 细胞/mL＝50mg/m^3。细菌数量测定可根据镜检计数，也可菌落培养。

1. 大肠杆菌群监测

利用大肠杆菌群检测天然水的细菌性污染是水体污染细菌学测试中一种最普通的方法。大肠杆菌群是指一群好氧或兼性厌氧、革兰阴性、无芽孢的杆菌，能发酵乳糖。在乳糖培养基中经过 37℃、24h 培养，能产酸、产气。有研究表明水体中污染指示菌总大肠菌群（TC）和粪大肠菌群（FC）密度同 BOD_5 负荷呈高度正相关。粪大肠菌群指标是综合评价城市污水尤其是生活污水污染的一个必不可少的重要参数。

2. 发光菌毒性监测

发光细菌毒性测试是环境样品毒性检测的生物测试技术。毒性是一项综合的生物学参数，是衡量样品对活性生物体所产生的影响。发光细菌测试使用了具有发光特性的微生物，毒性物质若毒性越强，浓度越大，则发光抑制越明显，利用生物发光光度计测定光强，可以对污染物进行定量分析。这一方法经国际研究机构证实具有快速、简便的特点，同时有很好的重复性。绝大部分发光细菌为对人非致病菌，本身没有危害性发光，细菌毒性检测的整个过程在 30min 之内，发光抑制率通过测定起始和终止状态时的细菌发光值并计算得到。1998 年，该方法被列入德国国家标准（DIN38412）和国际标准（ISO11348），已广泛用于废水、固体废物浸出液及重金属等的综合毒性的监测。美国已商业化的 Microtox 毒性测试系统在美国和欧洲受到重视，该方法采用国际标准（ISO11348），广泛使用于水质毒性预警，1996 年亚特兰大奥运会和 911 事件后美军反恐行动均使用了该系统。

由于检测方法采用的海水发光菌中明亮发光杆菌需要在 2%的 NaCl 中维持其正常发光生理状态，因此会对测定物质毒性造成一定程度的干扰。朱文杰（1985）从青海湖湟鱼（裸鲤）体表分离到一种对 NaCl（0.85 %）需求不高且在兼性厌氧的淡水中能稳定发光的细菌——青海弧菌，其典型株为 Q67，促进了我国在该领域的研究。

二、浮游生物的指示作用

1. 浮游植物的指示作用

由于水体水质的改变能影响藻类的种类、数量及形态结构等，因此可以利用藻类进行水体污染监测。但不同藻类对于同一种水体污染的反应具种间差异性，有些抗性较强，难以在短期内反映出水质的变化；而有些则对各种污染具有较好的敏感性，环境中某种物质的微小变化往往能对这些藻类产生显著的影响；还有些藻类只能生活在污水中或成为某些污染物特定的指示藻类。帕姆尔根据大量文献对具有指示作用的 700 多种藻类和 100 多个变种进行评分，列出耐有机污染评分最高的80个种，名列前五名的属依次为裸藻属（*Euglena*）、颤藻属（*Oscillatoria*）、衣藻属（*Chlamydomonas*）、栅藻属（*Scenedesmus*）、小球藻属（*Chlorella*）。许多指示种的指示效果是较为理想的。例如：簇生竹枝藻、睫毛针杆藻等只能在DO含量高、未受污染水体中大量繁殖——清洁水体指示种。舟形硅藻、小颤藻生活在有机污染十分严重的水体——重污染水体指示种。富营养化湖泊与贫营养化湖泊中浮游植物的比较见表2-5。

表2-5 富营养化湖泊与贫营养化湖泊中浮游植物的比较

项　目	富营养化湖泊	贫营养化湖泊
数量	丰富	稀少
品种	较少	很多
分布	主要生长在水体表层	可生长至深层
昼夜间的迁移	有限	频繁
水华现象	经常发生	很少出现
主要的藻类	蓝藻纲（Cyanophyceae） 鱼腥藻属（*Anabaena*） 束丝藻属（*Aphanizomenon*） 微囊藻属（*Meerocystis*） 等片硅藻科（Dealomaceae） 直链藻属（*Melosira*） 脆杆藻属（*Fragilaria*） 冠盘藻属（*Stephanodescus*） 星杆藻属（*Asterionella*）	绿藻纲（Chlorophyceae） 角星鼓藻属（*Staurastrum*） 片硅藻科（Diatomaceae） 平板藻属（*Tahellaria*） 小环藻属（*Cyclotella*） 金藻纲（*Chrysophyeae*） 锥囊藻属（*Dinobryon*）

根据水生藻类的种类和数量可以判断水体污染的情况。除此以外，水生藻类的生理、生化特点和它们身体中积累污染的情况，也可明显地反映出外界环境的污染特征。因此，细心地分析水生藻类的种类和数量组成，或研究它们的生理、生化反应和对毒物积累的特点，可以较准确地评定水体污染的性质和程度。

2. 浮游动物的指示作用

浮游动物是浮游生物的一部分，悬浮在水体中，主要包括原生动物、轮虫、枝角类和桡足类四大类。它们多数个体小，对环境变化敏感。如原生动物中小口钟虫是污水性优势种，匣壳虫为寡污性指示种；没尾无柄轮虫、太平指镖水蚤、长刺蚤等适于生活在寡污性或未受污染水体中；近邻剑水蚤、短尾秀体蚤、萼花臂尾轮虫则生活于污染水体之中。这些浮游生物可以作为水体质量检测的指示生物。

三、底栖动物的指示作用

人们常常通过水体环境中不同的底栖生物种类和数量来监测水体污染状况。利用水生昆虫等大型底栖无脊椎动物监测水质具有以下优点。

① 活动能力较弱，比较容易受到污染物的影响。

② 具有长而稳定的生活周期，使它们能综合反应较长时间段内的水体质量状况。

③ 种类多样性高，耐污值多样性高。

④ 取食行为多样化，较好地反映生态系统能流过程。

⑤ 种类分布广。

⑥ 易采集。

利用指示生物进行水质评价首先要研究各种生物的指示性。日本提出了一种简易的指示生物水质评价方法。该方法将水体划分为四个级别，极清洁水体的指示生物包括精翅虫、溪蟹、涡虫、原石蛾、舌石蛾、扁蜉、鱼岭、网蚊等；清洁水体的指示生物包括纹石蛾、长角纹石蛾、蜻蜓、扁泥甲、长臂虾、萤虫、拟钉螺、日本增规等；轻污染水体的指示生物包括蝎蜷、钩虾、泻螺、水蛙等；重污染水体的指示生物包括红摇蚊、克氏鳌虾、毛嵘、尾鳃蚓、萝卜螺。

我国学者研究结果表明水体中指示较低溶氧的生物包括前突摇蚊、摇蚊、龙虱、颤蚓；指示富营养化的生物包括多足摇蚊、纹石蛾，因为富营养化导致低溶氧，所以低溶氧的指示生物同时也是富营养化的指示生物；某些幼虫阶段的蜉蝣类、石蚤类、浅滩甲虫类不耐污染；水蚯蚓、某些摇蚊幼虫、蛭类、肺螺目螺类耐污染；等足目、端足目的部分生物生活在中度污染水体中。

四、鱼类的指示作用

鱼类用于水质监测已有多年历史，主要从鱼类行为方式变化、体内污染物含量和生理生化指标及种群、群落结构改变等方面来指示水体污染情况。“日本青鳉”、“稀有鲫”和“斑马鱼”等都是采用生态法进行水质检测的最好选择。特别是在实验室中经过多代繁育的、生理机能非常稳定的上述三种鱼类，对水质敏感度非常高，当水体出现浓度较低的“亚急性中毒”时，有毒的物质会损害它们的神经机能，使它们出现活动迟钝、生理机能改变等行为学异常，这些异常通过“水质安全生物预警系统”及时地传达给人，从而实现有效的水质监测。

因为暴露于毒性物质中的鱼类会改变它们的行为，所以科学家们就利用了鱼类的这种习性指示水体污染。Belding 根据鱼的呼吸变化指示有毒环境，在有污染物存在的情况下，鱼鳃呼吸加快且无规律；德国从 1977 年开始研究利用鱼的正趋流性开展生物监测，在下游设强光区或适度电击，控制健康鱼向下游的活动，或间歇性提高水流速度，迫使鱼反应。如果鱼不能维持在上游的位置，则表明污染产生了危害。日本在水质过滤厂中安装两个储水池，在每个水池中放一尾“日本青鳉”，并通过一台编程计算机对鱼的行为变化进行监测，指示水质变化情况。这些变化包括靠近水的表面游泳以呼吸更多的氧气；在一个更小的区域游泳或者游得速度更快更不规律；因为垂死而沉向储水池的底部或者最终的变化、死亡等。在 2008 年汶川地震发生后，中科院为成都市提供了实验室繁育的“日本青鳉”模式鱼和水质安全在线生物预警系统，整套系统用于成都市区的自来水水源水质监测，提高了成都对城市供水安全突发事件的快速应急能力，为地震灾区的水源水质安全保障提供了支持。

利用鱼类进行水生生物毒性实验。Johnels 等 1967 年最早用中子活化法分析研究白斑狗鱼（*Esox lucius L*）及一些其他水生动物体内汞的含量及其与污染的关系，发现鱼体汞含量有明显的地区差异。Sil-bergeld（1974）发现小型淡水鱼镖鲈血液中的葡萄糖对低浓度的有机氯农药狄氏剂敏感。周永颀 1984 年研究了汞、铜、镉、六六六和硫、磷等对食蚊鱼生长的影响。

随着分子生物学的发展，人们开始利用一些模式鱼种和土著鱼类进行毒理学实验，以了解鱼体超氧化物歧化酶、过氧化氢、谷胱甘肽等抗氧化防御系统对水体污染的响应。目前人们更为关注 DNA 等遗传学上的改变，以寻找最敏感、精确的生物标记物，并重点关注生态监测的机理。

五、生物学指标在水质评价中的应用

目前，水质评价过程中往往采用大型水生植物（如海藻、大型褐藻）、底栖大型无脊椎动物（如软体动物、甲壳类、腔肠动物、棘皮动物等）、鱼类（如鲇鱼、鲑鱼、河鲈等）等，以各类群在群落中所占比例作为水体污染的评价指标。随着近些年生物学理论和技术的快速发展，生物的生理生化指标（生物标记物）在水质评价中逐渐发挥重要的作用。

1. 生物标记物评价方法

生物标志物（biomarker）作为一种新的技术，被应用于水体的污染监测。生物标志以研究污染物作用下生物体内各种生化和生理指标的变化为特征，是可衡量的环境污染物的暴露及效应的生物反应，包含的生物层次极为广泛，覆盖从生物分子到细胞器、细胞、组织、器官、个体、群体、群落直至生态系统的所有层次，是最完整和最综合的生物监测。

生物标志物可分为两类：一类是暴露生物标志物，仅指由污染物引起的生物体的变化，重在变化；另一类是效应生物标志物，则指污染物对生物体的不利效应，重在效应。生物标志物具有特异性、警示性和广泛性，可以反应污染物的累积作用，确定污染物与生物效应之间的因果关系，揭示污染物的暴露特征，更具备现场应用性等。指示水体污染的主要生物标志物包括细胞色素 P4501A1、金属硫蛋白（MT）、DNA 加合物等。

2. 藻类生物评价方法

国外通过大量的研究，以硅藻作为指示生物，建立了硅藻群落对数正态分布曲线。从曲线上可以看出，未受污染时，水体中的种群数量多，个体数目相对较少；但如果水体受到污染，则敏感种类减少，污染种类个体数量大增，形成优势种。一般而言，绿藻和蓝藻数量增多，甲藻、黄藻和金藻数量减少，反映水体被污染；而绿藻和蓝藻数量下降，甲藻、黄藻和金藻数量增加，则反映水质趋于好转。

3. 大肠杆菌生物评价方法

大肠杆菌评价方法如下。

1L 水中大肠杆菌数量：是指 1L 水中含有的大肠杆菌类细菌的数目。

大肠杆菌指数或大肠杆菌值：水样中可检测出 1 个大肠杆菌类细菌的最小体积（mL）。

大肠杆菌值＝1000/大肠杆菌指数

我国规定，饮用水 1L 中总大肠杆菌数不超过 3，应用公式为：

大肠杆菌值＝1000/3＝333

也就是说，大肠杆菌值不得小于 333。

Pipes 曾指出细菌群落大小和营养水平的相关性：水中的细菌含量随营养水平的提高而增加。前苏联学者 C. H. 库茨涅佐夫把 10^4～10^5/mL 菌量定为贫营养湖，10^5/mL 菌量定为中营养湖，10^6～10^7/mL 菌量定为富营养湖。

我国《生活饮用水卫生标准》（GB 5749—85）规定：细菌总数≤100CFU/mL，总大肠菌群数≤3 个/L。CFU 是指在活菌培养计数时，由单个菌体或聚集成团的多个菌体在固体培养基上生长繁殖所形成的集落，称为菌落形成单位，以其表达活菌的数量。

我国《地表水环境质量标准》（GB 38382—2002）规定：Ⅰ类水，粪大肠菌群数≤200 个/L；Ⅱ类水，粪大肠菌群数≤2000 个/L；Ⅲ类水，粪大肠菌群数≤10000 个/L。

4. 寡毛类生物评价方法

利用寡毛类生物对水体有机污染的反应或水体中寡毛类种群优势的差异反映水体有机污染程度。当水体中有仙女虫科动物存在时，可认为该水体未受到有机污染，水体清洁或轻度污染；当水体中寡毛类以尾鳃蚓为优势种群，偶有颤蚓或水丝蚓出现时，可认为该水体处于中等程度的有机污染；当水体中寡毛类颤蚓的丰度极高并伴有水丝蚓出现时，可认为该水体处于重度有机污染状态，达富营养化程度；当水体中仅有霍甫水丝蚓出现且丰度高时，可认为该水体受到严重的有机污染或农药污染，已接近水生生物绝迹的边缘。

中华颤蚓能忍受高度缺氧条件，多生活在有机物丰富的淤泥中，富营养化水体中数量极多，是严重有机污染的指示种。因此，普遍采用该种生物单位面积生物量来衡量水质有机污染程度。用单位面积颤蚓类数量作为水质污染指标，在底质为淤泥的条件下，颤蚓少于100条/m^2，扁蜉幼虫100个以上时，为未受污染的水体；颤蚓类个体100条/m^2以上、1000条/m^2以下时，为轻污染；颤蚓类个体1000条/m^2以上、5000条/m^2以下时，为中等污染；颤蚓类个体数量5000条/m^2以上时，为严重污染。也可以采用Goodnight污染指数评价水体污染程度。Goodnight污染指数即指颤蚓类个体数量占整个底栖动物数量的百分比。Goodnight污染指数大于80%，表明水体存在严重的有机污染或工业污染；Goodnight污染指数低于60%，表明水质情况良好。

美国在伊利湖污染的调查中，利用湖中原生动物颤蚓的数量作为评价指标，根据单位面积的水体中颤蚓数量，将受污染水域分为无污染、轻度污染、中度污染和重度污染（表2-6）。

表2-6 美国伊利湖污染水平划分

颤蚓数量/(个/m^2水面)	水域受污染的程度
<100	无污染
100～990	轻度污染
1000～5000	中度污染
>5000	重度污染

第四节 大气质量检测

随着工业的发展及各种燃料的利用，大气污染越来越严重。这不仅会引发人的呼吸道疾病、心脏病、皮肤病等，甚至还会引起多种癌症，导致死亡，对人体健康和动植物的生存造成了严重的危害。因此对大气污染的监测和控制越来越受到各国的重视。大气污染的生物监测是指利用植物对大气污染的反应，监测有害气体的成分和含量，达到了解大气环境质量状况的目的。

一、大气污染的指示生物

动物、植物和微生物均可能成为监测大气污染的指示生物。

1. 大气污染的指示动物

通常情况下，动物对大气污染的敏感性比植物低，而且动物活动性大，在环境质量恶化时会迁移回避，难以对其进行监测和管理，动物监测目前尚未形成一套完整的监测方法。但有些小动物对CO的反应比人和植物灵敏得多，例如金丝雀、鼷鼠、麻雀、鸽子和狗等可用来作为CO的指示动物。狗的嗅觉特别灵敏，经过训练可以用来监测煤气管道漏气和CO污染源。近年来，一些动物生态学家提出以小动物分布的多样性指数来指示大气污染。他们用灯光诱捕昆虫，统计一定时期内捕集到的昆虫种类和个体的数目，求出多样性指数，用以表示大气污染程度。

2. 大气污染的指示微生物

许多微生物对大气污染很敏感，因此可以用作指示生物来监测大气污染。植物表面附生的微生物群落具有固氮、分泌植物生长调节物、促进植物分泌抗毒素、抗真菌或细菌物质等许多重要功能，对于植物的正常生长有重要作用。这些微生物容易受到大气污染物的影响，其群落结构和功能都可能发生变化，并因此可能影响植物的生长，因此微生物也可以作为大气污染指示生物，但微生物培养和鉴定工作较为复杂，此种方法具有一定局限性。研究表明，大气污染改变了两种铁兰属植物叶片表面的微生物群落结构，酵母菌和细菌数量显著减少。许多研究证实，植物叶片表面的酵母菌对于大气污染物十分敏感，可以用作生物指示物。大气污染重的地方植物叶片表面酵母数量较少，种类也往往发生改变。

3. 大气污染的指示植物

从某种意义上说，大气污染的生物监测比水污染的生物监测更有效。因为大气污染的广泛性和植物分布的广泛性是吻合的，而且植物遭受大气污染危害后的受害特征明显，也易于取得定量的测定数据。因此，植物监测法适合于大气污染监测，比较常用的大气污染指示植物如下。

（1）二氧化硫污染指示植物　常用的有地衣、苔藓、紫花苜蓿、荞麦、金荞麦、芝麻、向日葵、大马蓼、土荆芥、藜、曼陀罗、落叶松、美洲五针松、马尾松、枫杨、加拿大白杨、杜仲、水杉、雪松（幼嫩叶）、胡萝卜、葱、菠菜、莴苣、南瓜等（表2-7）。

表2-7　不同生长季节对大气中SO_2最敏感的指示植物

季节	敏感植物代表
春季和初夏	一年生早熟禾、芸薹属、堇菜属、鱼尾菊、蕨类、葡萄、苹果属、白杨、白蜡、白桦、芥菜、百日草、欧洲蕨、颤杨、美国白蜡树
夏季	苜蓿、大麦、荞麦、菊苣、甜瓜、小麦、棉花、大豆、梨、落叶松、西葫芦、南瓜
夏末	东方白松、杰克松、挪威云杉、美洲五针松、加拿大短叶松

（2）氟化氢污染指示植物　常用的有唐菖蒲、郁金香、金荞麦、杏、葡萄、小苍兰、金线草、玉簪、梅、紫荆、雪松（幼嫩叶）、落叶松、美洲五针松和欧洲赤松等。

（3）臭氧污染指示植物　常用的有烟草、矮牵牛、天牛花、马唐、燕麦、洋葱、萝卜、马铃薯、光叶榉、女贞、银槭、梓树、皂荚、丁香、葡萄和牡丹等。

（4）过氧乙酰硝酸酯污染指示植物　常用的有早熟禾、矮牵牛、繁缕和菜豆等。

（5）乙烯污染指示植物　常用的有芝麻、番茄、香石竹和棉花等。

（6）氯气污染指示植物　常用的有芝麻、荞麦、向日葵、大马蓼、藜、翠菊、万寿菊、鸡冠花、大白菜、萝卜、桃树、枫杨、雪松、复叶槭、落叶松、油松等。

（7）二氧化氮污染指示植物　主要有悬铃木、向日葵、番茄、秋海棠、烟草等。

几种主要污染物的敏感植物及反应浓度见表2-8。

表 2-8　对主要污染物敏感的植物及反应浓度

污染物	反应浓度	敏感植物
二氧化硫	<(0.25～0.3)×10^{-6}，不引起急性中毒；(0.1～0.3)×10^{-6}，长期暴露可慢性中毒	紫花苜蓿、大麦、棉花、小麦、三叶草、甜菜、莴苣、大豆、向日葵等
臭氧	在(0.02～0.05)×10^{-6}时，最敏感植物可产生急性或慢性中毒	烟草、番茄、矮牵牛、菠菜、土豆、燕麦、丁香、秋海棠、女贞、梓树等
过氧乙酰硝酸酯	在(0.01～0.05)×10^{-6}时，最敏感植物产生危害，也可引起早衰	矮牵牛、早熟禾、长叶莴苣、斑豆、番茄、芥菜等
氟化氢	最敏感的植物在 0.1×10^{-9}即有反应，在叶中浓度达到(50～200)×10^{-6}时敏感植物出现坏死斑	唐菖蒲(浅色比深色的敏感)、郁金香、金芥麦、玉米、玉簪、杏、葡萄、雪松

二、大气污染的植物监测指标

目前国际上大气污染的植物监测常常采用生长性状，生理生化指标，植物叶片、表皮和年轮污染物含量，花粉发育等指标类型。在实际应用过程中，通常采用多种指标共同指示大气污染状况。

1. 植物生长症状监测

植物通过叶片同外界进行气体交换作用，容易受到各种大气污染物的侵害，根据受害程度的不同，叶片会出现伤斑，绿色变浅、变黄，枯萎，甚至整株死去，因而可以直观地反映出大气污染的程度（图 2-1）。采用观察植物叶片伤害症状判断植物的受害程度来指示大气污染状况是目前最常用的方法。常见大气污染物导致叶片伤害的症状如下。

(1) 硫化物污染物　硫化物进入植物体先生成亚硫酸后生成 α-羟基磺酸盐能抑制氧化酶ATP 形成。症状主要出现在叶脉间，呈现大小不等、无分布规律的点或块状伤斑，与正常组织之间界线明显，也有少数伤斑分布在叶片边缘，或全叶褪绿黄化。伤斑颜色多为土黄或红棕色，但伤斑的形状、分布和色泽因植物种类和受害条件的不同会有一定的变化，尤其幼叶不易受害（图 2-2）。例如，单子叶植物伤斑会沿平行脉呈条状，分布在叶尖或叶片隆起部位；树的受害部位一般从叶尖开始向基部扩展，阔叶树通常在脉间出现不规则的大斑块或斑点，有时伤斑呈长条状。

(2) 臭氧　臭氧进入植物体后，在叶尖边缘积累，抑制酶的活性。大多为叶面散布细密点状斑，呈棕色或黄褐色，少数呈脉间块斑。植物嫩叶、幼芽上伤斑由油渍状发展到黄白色

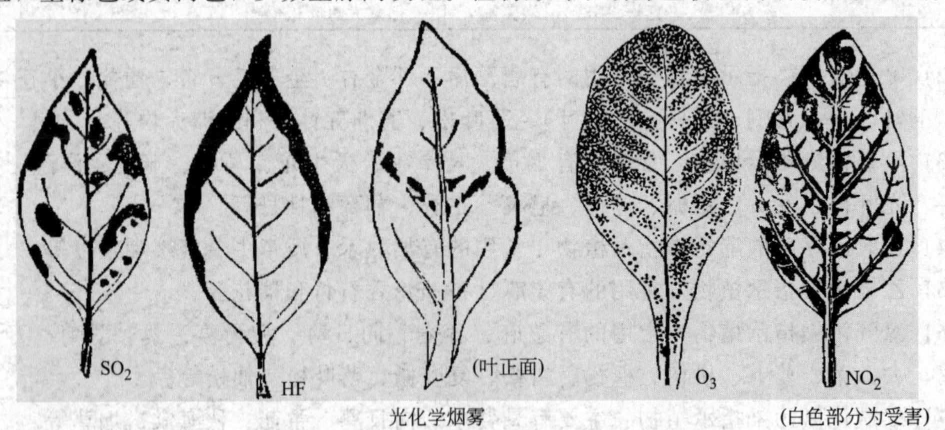

图 2-1　有害气体对植物叶片伤害的典型症状比较

图 2-2　SO_2 污染后紫椴、女真和广玉兰叶片症状

而呈现红褐色。

(3) 氮氧化物　抑制植物体内酶的活性。开始背腹两面叶脉间出现不规则形伤斑，呈白色、黄褐色或棕色；严重时则出现全叶点状斑和坏死皱缩。

(4) 氟化氢　氟化氢会影响植物呼吸变化和光合作用，影响碳水化合物、有机酸、氨基酸代谢，全面破坏植物细胞膜。植物受害后，伤斑多半分布在叶尖和叶缘，与正常组织之间有一明显的暗红色界线，少数为脉间伤斑，幼叶易受害（图 2-3）。另外，伤斑的分布与叶片的厚薄、叶脉的粗细和走向也有一定的关系，通常侧脉不明显或细弱叶片的受害斑多连成整块，位置也不固定；侧脉明显的叶片伤斑多分散在脉间；平行脉叶片的受害部位常在叶尖或叶片的隆起部位；叶质厚硬的叶片伤斑常分布在主脉两侧的隆起部位或叶缘；大而薄的叶片伤斑多分布在边缘，常连成大片。

(5) 氯气　氯气进入植物组织后产生的次氯酸是较强的氧化剂，由于其具有强氧化性，会使叶绿素分解，在急性中毒症状时，表现为部分组织坏死。氯气对植物的毒性不及氯化氢强烈，但较二氧化硫强 2～4 倍。氯气危害植物的症状是：叶尖黄白化，脉间点块状伤斑，伤斑不规则，与正常组织之间界线模糊，或有过渡带，呈褐色，渐及全叶；严重时全叶失绿漂白甚至脱落（图 2-4）。

(6) 酸雨、酸雾　生理学上，酸雨会破坏植物叶绿体，影响光合作用。形态学上，植物在受到酸雨伤害时，其叶缘、叶尖和脉间出现块状源白坏死斑，有时黄化或枯萎。而酸雾（硫酸、盐酸、硝酸等）对植物的影响主要是叶上出现近圆形的坏死斑。

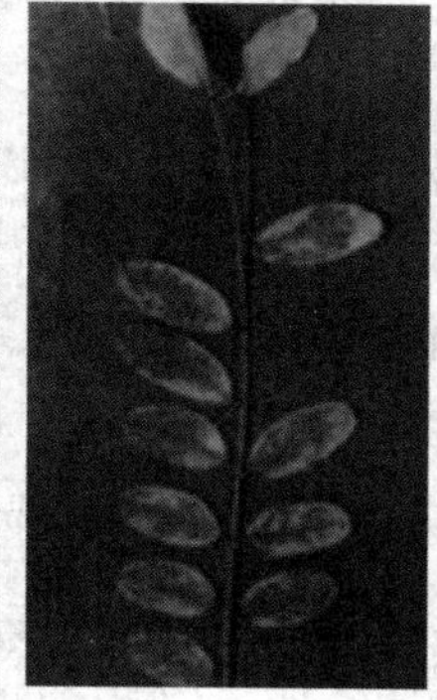
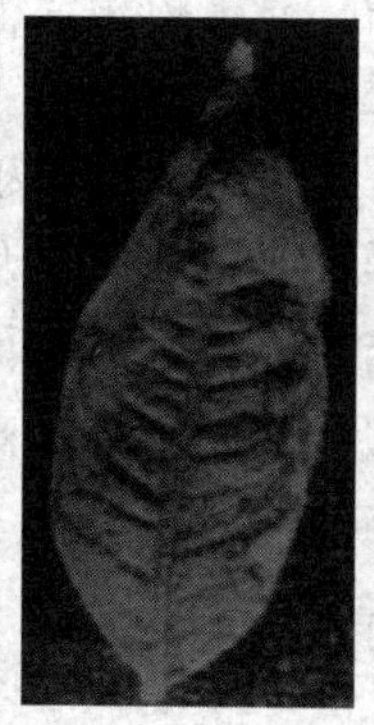
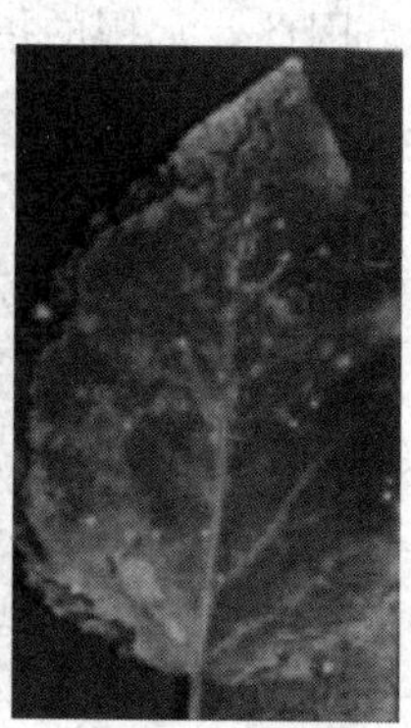

图 2-3　HF 污染后葎草、刺槐、黄檗和北京杨叶片症状

图 2-4　氯气污染后榆树、茉莉、美人蕉和大叶桃花心木叶片症状

(7) 乙烯　叶片发生不正常的偏上生长（叶片下垂）或失绿黄化，并常常发生落叶、落花、落果以及结实不正常的现象（图 2-5）。

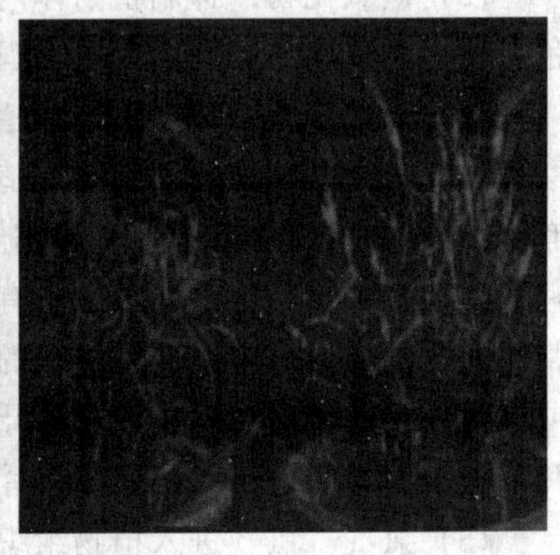

图 2-5　乙烯污染后大叶黄杨、黑松及康乃馨植株症状

2. 植物生理生化指标监测

大气污染侵害后，植物的生长、代谢、繁殖等过程都会受到影响，但实际上在植物伤害症状出现之前，大气污染物对光合或呼吸作用及其他代谢过程早已产生影响。这类指标往往比症状指标更敏感和迅速。大气污染主要是影响代谢过程中酶的活性，改变某些物质的通透性，使质膜透性增加，光合作用能力降低，叶绿素含量下降；同时，也使植物体内水分的蒸腾作用减弱，影响水分吸收并阻碍植物呼吸作用，从而阻碍了植物的生理活动，造成对植物的伤害。因此，常用的指标有植物光合作用参数、呼吸强度、气孔开放度、细胞膜的透性以及酶学指标。

植物中叶绿素含量、叶绿素荧光参数、细胞膜渗透率以及叶片气体交换特征参数净光合速率、蒸腾速率和气孔导度等指标对于大气污染反应灵敏，可用于监测大气污染状况。李海亮等发现兰州不同大气污染地区，国槐叶片的叶绿素含量、可溶性糖的含量、叶提取液 pH 值随污染程度的加剧而减少，而细胞膜渗漏率、脯氨酸含量、SOD 酶活性则上升。苏行等（2002）研究了广州两种绿化植物对大气污染的响应，发现不同污染地点大叶紫薇和白兰叶片的叶绿素含量随污染程度的加剧而减少，细胞膜渗漏率则上升，其中白兰比大叶紫薇更敏感。

植物体内各种保护性酶活性的改变可以反映大气污染物对植物的影响，从而指示污染状况。许多研究发现，在污染较重的情况下，植物过氧化物酶活性会增加，这可以作为监测大气污染对植物造成危害的生理指标。Rubisco 活化酶对 O_3 污染也较敏感，硝酸盐还原酶对氮沉降较为敏感。除了植物体内的酶，林木根区土壤酶也可作为大气污染指示物。脲酶、过氧化氢酶、酸性磷酸酶和蛋白酶活性的高低可以反应大气污染状况。陈小勇和宋永昌（1993）通过熏气和暴露试验表明，蚕豆叶片可见伤害症状不宜作为监测指标，超氧化物歧化酶（SOD）活性、抗坏血酸（ASA）含量和游离氨基酸（AA）含量作为监测指标，其指示效果优于过氧化物酶（POD）活性和叶绿素含量，其中又以 SOD 活性为最好。

3. 叶片污染物含量监测

植物叶片是大气污染物的主要吸收器官，通过分析叶片中污染物含量，可以反应污染状况。在污染地区选择吸污能力强、分布广泛的一种或几种监测植物，分析叶片中某种或多种污染物含量，或者把监测植物放置到监测点上，等一定时间后取样分析叶片的污染物含量，根据叶片污染物含量的变化，判断空气污染状况。研究比较多的植物是林木或绿化植物，如松树、云杉、橡树等。研究表明，植物叶片中的重金属元素富集量和大气中污染指数正相关，植物叶片的重金属元素富集量可较好地指示市区大气的重金属污染状况。通过测定污染区植物叶片中 Cu、Cr、Zn、Pb、Cd 和 As 的含量，可以判定测定区的大气污染等级。通过测定叶片中有机污染物的含量可指示大气中有机污染物的水平。松针中多氯代二苯并二噁英（PCDDs）、多氯代二苯并呋喃（PCDFs）等二噁英以及非邻位取代 PCB 的含量可以用于对这些污染物的监测。

4. 年轮监测

乔木的年轮真实地记录着生长时期气候环境状况的变化及污染情况，通过“生长锥”插入树干取出样品，进行测量分析，了解各生长时期的污染情况。研究发现，墨西哥高海拔森林公园圣杉的年轮化学变化与环境污染有一定的相关性，自 1960 年以来树木年轮中 Pb、Cd 含量的增加反映了墨西哥城城市化进程的加快以及交通污染的加重。研究表明，受污染的树木年轮变窄，可采用更先进的射线穿透法对污染程度进行评价，利用射线穿透树干的难易度，结合各年轮材质不同而具有不同穿透力的特性并进行成像，评价污染程度。

5. 树皮监测

利用树皮作为生物指示物有取样容易、不伤害树木等优点，被认为是较为理想的大气污染的指示物，例如在城市市区或工业区内，许多阔叶树木和针叶树木的树皮都被用于指示大气污染。树皮也是监测重金属沉降的重要指示物，例如通过测定合欢树皮中 Cr 含量作为空气中 Cr 污染的生物指示物；测定苏格兰松树皮中 S 和重金属含量监测大气污染状况；利用柏树树皮中 Pb、Zn、Mn、Cr、Ni、Cd、Cu 的含量监测大气中重金属的污染；利用树皮监测 Cu 矿对大气 Cu 污染的影响等。

6. 花粉监测

花粉一般对大气污染物比较敏感，大气污染能够抑制花粉的萌发和活力，改变花粉粒的形态结构，因此可以选择花粉作为大气污染的生物指示物。例如在磷肥厂附近，由于氟化物、NO 和 S 的释放，欧洲赤松花粉的萌发率降低了 50.9％；在城市市区内污染物浓度较高的地方，意大利石松的花粉活力和花粉管长度显著低于对照；在交通污染较严重的地方，欧洲黑松的花粉活力、萌发力以及花粉管长度等与 SO_2、PM_{10}、

NO 浓度成负相关。

植物生长在大气中受到多种有害物质同时作用，所显示的影响也存在着独立作用、加合作用、协同作用和拮抗作用。在进行大气污染监测时，应充分考虑上述特点，力争使监测数据准确说明大气质量。

三、地衣及苔藓的监测作用

1968 年，在荷兰的瓦赫宁根举行的大气污染对动植物影响的讨论会上，苔藓和地衣被推荐为大气污染指示物。

1. 地衣植物对大气污染的监测

地衣生长缓慢，是一类由真菌与藻类或蓝细菌共生的复合体，通过表皮直接吸收大气中的物质，由于缺乏像高等植物那样的真皮层和蜡质层，污染物容易进入体内，对空气中某些成分的变化非常敏感，尤其是对 SO_2、氟化物、过氧化物和臭氧等，因此可以选择地衣作为大气污染的生物指示物。利用地衣监测大气污染比较经济，方法易掌握，并且地衣分布广泛，便于形成统一的标准进行比较和交流。利用地衣指示大气污染主要是通过以下几种方法：①调查地衣群落或种群结构以及多样性的变化。②分析地衣体内有害物（如重金属等）的含量。③移植监测。选择一种生长在树干上比较敏感的地衣，一般以叶状地衣为好，把它和树皮一起切割下，移植到需监测地区同种植物上，定期观察其死亡率、形态和生理指标的变化，包括光合作用、叶绿素含量和降解、ATP 含量、呼吸水平变化、内源激素（如乙烯的水平），估测该地区大气污染的影响。

英国地衣学家 Hawksworth 和 Rose 根据研究选择了适合于英格兰和威尔士的附生地衣测定大气中 SO_2 浓度，根据不同种类的地衣对 SO_2 的敏感性不同制定出一个检索表（表 2-9），以此监测 SO_2 的污染程度。近年来国内许多研究者也开展了利用地衣监测大气污染的研究，但这些研究缺乏系统性，还有待进一步加强。

表 2-9　地衣检索说明

污染带	空气中 SO_2 质量浓度和地衣特征
0 带	SO_2 质量浓度超过 0.17mg/m^3，没有地衣存在，只有联球藻属（*Pleurococcus*）存在
第 1 带	SO_2 质量浓度在 0.125～0.15mg/m^3，地衣种类有 *Lecunora conizacoides*，混有联球藻属的绿藻生长其间
第 2 带	SO_2 质量浓度为 0.07mg/m^3，有叶状地衣 *Parmelia* 生长于树上，*Xanthoria* 生长于石灰石上
第 3 带	SO_2 质量浓度为 0.06mg/m^3，地衣 *Parmelia* 和 *Xanthoria* 在树上均见到
第 4 带	SO_2 质量浓度为 0.04～0.05mg/m^3，地衣有 *Parmelia*
第 5 带	SO_2 质量浓度为 0.035mg/m^3，地衣有 *Evernia* 和 *Rarmelia*
第 6 带	SO_2 质量浓度为 0.03mg/m^3，地衣有 *Usnea* 和 *Lobsria*，这两种都是清洁空气中才能找到的典型种类

2. 苔藓植物对大气污染的监测

苔藓植物是一类结构简单的绿色植物，缺乏输导组织和真正的根系（仅具附着作用的假根），不能从土壤摄取养分。苔藓叶片一般只有单层细胞，没有保护层，吸附力强，这种特殊的生理结构决定了其主要从降水（雨水、露水）中获取养分与水分，营养主要来源于大气。因此，以苔藓为指示植物，分析苔藓植物组织的污染物浓度，可以直接监测大气污染程度，分析大气重金属沉降的时空分布、污染物的迁移规律及其来源。苔藓比地衣和高等植物更容易积累重金属，而且具有取材容易、调查方法简单等特点，已成为目前仅次于地衣的生物指示物。研究表明，种子植物对 SO_2 的敏感剂量是 0.05～0.5mg/kg，而附生苔藓的敏感剂量为 0.005～0.05mg/kg，最灵敏苔藓植物对 SO_2 的忍耐程度为 0.005～0.01mg/kg，苔藓对大气污染反应的敏感度是种子植物的 10 倍以上。

利用苔藓来指示大气污染程度，在日本研究较多，这与日本处于湿暖地带有利于苔藓生长有关。苔藓对空气污染物的反应相当敏感，因而对大气污染有较大的指示剂的利用价值。目前在实际应用方面有下列两点。

① 分析测定苔藓体内的有害物，如通过测定苔藓重金属含量可以了解大气重金属沉降的变化。

② 调查苔藓植物的种数、覆盖度、出现频度及生长状况等，以此计算大气净度指数，估计污染程度绘制空气污染分布图。

日本研究人员根据附生苔藓植物的分布绘制大气污染图，曾对东京市区 53 个定位站的阔叶树上附生的苔藓进行鉴定，发现苔藓 21 个种，根据它们对城市环境的抵抗能力，可分为四个生态组，即深入市区中心的种、扩展到郊区的种、在多尘地区特别丰富的种以及在农村中出现的种（表 2-10）。然后根据苔藓的生长分布情况，将本地区分成五个带，各带的大气污染程度是不相同的。

表 2-10　东京市区各带苔藓与大气污染程度的关系

第 1 带	在密集生长树木的公园，树上不见附生苔藓植物，本带属于苔藓植物荒漠带。附生植物荒漠带的范围还包括工业区和市区的主要部分，这一带的二氧化硫浓度约为 0.05mg/kg
第 2 带	苔藓植物很少，主要是第一生态组的种类，仅见于多树木的公园内及祠堂、庙宇周围。此带包括市区中心和郊区卫星城镇的最内部，这里的二氧化硫浓度为 0.04～0.05mg/kg
第 3 带	发现在各种环境中，树上生长着丰富的与第 2 带相同的种，本带范围包括市区的外围和邻近区，二氧化硫浓度为 0.02～0.04mg/kg
第 4 带	有许多种附生植物，其中很多属于第一生态组的种，属于第二生态组的几个种在个别树上也同样出现，本带范围包括郊区和农村。二氧化硫浓度为 0.01～0.02mg/kg
第 5 带	本带特点是既有农村的种（属第四生态组），也有一些叶状地衣出现，本区范围内常出现的附生地衣有染料梅衣（*Parmelia tinctorum*）和 *Permelia reticulate*、*P. clarulifera* 和小皱褶梅衣（*P. caprata*）等。这一带的二氧化硫浓度在 0.01mg/kg 以下

把苔藓从洁净区移栽到待监测区，观察苔藓受害状况来判断污染程度，利用苔藓计监测空气污染。由于苔藓植物反应敏感，又易于小室栽培，适合将其制成小型检测空气毒物装置，称“苔藓计”。苔藓计具有体积小、便于携带、能全年运用等特点，是很有实用价值的一种空气污染监测工具。

参　考　文　献

[1] 袁方曜，王玢．有机磷污染农田中蚯蚓的生物指示研究．山东农业科学，2004，(2)：57-60.
[2] 郭永灿，王振中，张友梅，赖勤，颜亨梅，夏卫生，邓继福．重金属对蚯蚓的毒性毒理研究与应用．环境生物学报，1996，2 (1)：132-140.
[3] 焦晓光，隋跃宇，魏丹．长期施肥对薄层黑土酶活性及土壤肥力的影响．中国土壤与肥料，2011，(1).
[4] 谭淑端，朱明勇，张克荣，张全发，姜利红．深淹对狗牙根根际土壤酶活性及肥力的影响．中国生态农业学报，2011，19 (1)：8-12.

[5] 马晓丽，贾志宽，肖恩时，韩清芳，聂俊峰，杨宝平，侯贤青，卫婷，高飞．旱区有机培肥对土壤肥力及酶活性的影响．西北农林科技大学学报，2011，39（1）：144-150.

[6] 和文祥，谭向平，王旭东，唐明，郝明德．土壤总体酶活性指标的初步研究．土壤学报，2010，47（6）：1232-1236.

[7] 周礼恺，张志明，曹承绵．土壤酶活性的总体在评价土壤肥力水平中的作用．土壤学报，1983，20（4）：413-418.

[8] 杨玉盛，何宗明，林光耀，杨学震．不同治理措施对闽东南沿海侵蚀性赤红壤肥力影响的研究．植物生态学报，1998，22（3）：281-288.

[9] 苏行，胡迪琴，林植芳，林桂珠，孔国辉，彭长连．广州市大气污染对两种绿化植物叶绿素荧光特性的影响．植物生态学报，2002，26（5）：599-604.

[10] 陈小勇，宋永昌．实验室和野外条件下 SO_2 对蚕豆叶片抗氧化剂的影响．植物资源与环境，1993，2（1）：45-48.

思考题

1. 简述指示生物法含义。
2. 简述土壤污染的生态危害。
3. 简述生物在生态监测中的作用。

第三章 宏观生态监测

第一节　自然生态系统监测

许多自然因素及人类活动对环境和生态系统的影响都是一个复杂而长期的过程，只有通过长期的观测和多学科综合研究，才能揭示其长期变化的过程、趋势和后果。生态监测的目的就是为了描述和认识控制着整个环境和生态系统相互作用的物理、化学和生物学过程；描述和了解支持生命的独特环境；描述和了解生态环境的变化以及人类活动对生态系统的影响及其响应方式；预测环境和生态系统的变化，为制定国家和国际的政策、科学地解决全球变化问题提供科学的依据，促进生态系统的可持续发展。这对于世界各国的经济发展和人类生存有着重大和深远的意义（曹月华和赵士洞，1997）。

一、森林生态系统的监测

1. 森林生态系统监测的目的

森林生态环境监测是运用可比的方法，在时间或空间上对特定区域范围内森林生态系统或生态系统组合体的类型、结构和功能及其组成要素等进行系统地测定和观察的过程，监测结果可用于森林生态环境评价，为合理利用森林资源、改善生态环境提供决策依据。对森林生态环境进行监测，阐明森林生态系统的结构与功能以及森林与环境之间相互作用的机制，可为森林的合理经营并进行宏观调控，实现人类生态环境与经济协调发展提供理论依据；另一方面，将监测结果应用于森林生态环境效益评价，对森林生态效益进行科学计量和评价，对于制定合理的环境政策和社会经济发展规划具有十分重要的战略意义。

2. 森林生态系统监测的指标与方法

森林生态监测按区域范围可分为三种类型：地方性资源监测、全国性森林监测和全球性监测。我国地域辽阔，自然地理条件差异极大，森林生态环境类型复杂多样，不同的森林生态系统都有其特定的功能特点。因此，在选择监测指标时要因地制宜，体现不同区域自然条件的优势和生态过程的特点。

森林监测内容一般包括林木（植物）评价、树干测定、树冠测定、指示生物、灾害、下层植被、年轮分析、土壤反应和叶面化学污染等。根据中华人民共和国林业行业标准（LY/

T 1606—2003)，现列出森林监测的主要内容与指标。根据不同的试验要求、监测目的等，可选择适宜的观测指标。

中华人民共和国林业行业标准（LY/T1606—2003）中列出的森林监测主要指标有以下5类：气象常规指标、森林土壤理化指标、森林生态系统的健康与可持续发展指标、森林水文指标、森林的群落学特征指标。详细指标及观测频度请见表3-1。

表3-1 气象常规指标

指标类别	观测指标	单位	观测频度
天气现象	云量、风、雨、雪、雷电、沙尘		每日1次
	气压	Pa	每日1次
风①	作用在森林表面的风速	m/s	连续观测或每日3次
	作用在森林表面的风向		连续观测或每日3次
空气温度②	最低温度	℃	每日1次
	最高温度	℃	每日1次
	定时温度	℃	每日1次
地表面和不同深度土壤的温度	地表定时温度	℃	连续观测或每日3次
	地表最低温度	℃	连续观测或每日3次
	地表最高温度	℃	连续观测或每日3次
	10cm深度地温	℃	连续观测或每日3次
	20cm深度地温	℃	连续观测或每日3次
	30cm深度地温	℃	连续观测或每日3次
	40cm深度地温	℃	连续观测或每日3次
空气湿度②	相对湿度	%	连续观测或每日3次
辐射②	总辐射量	J/m^2	每小时1次
	净辐射量	J/m^2	每小时1次
	分光辐射	J/m^2	连续观测或每小时1次
	日照时数	h	每小时1次
	UVA/UVB辐射量	J/m^2	每小时1次
冻土	深度	cm	每日1次
大气降水③	降水总量	mm	连续观测或每日3次
	降水强度	mm/h	连续观测或每日3次
水面蒸发	蒸发量	mm	每日1次

① 风速和风向测定，应在冠层上方3m处进行。
② 湿度、温度、辐射等测定，应在冠层上方3m处、冠层中部、冠层下方1.5m处、地被物层4个空间层次上进行。
③ 雨量器和蒸发器口应距离地面高度70cm。
注：国家林业局，2003。

3. 监测方案的实施与管理

森林生态监测主要包括两种监测手段：遥感监测和地面监测。森林监测相关指标见表3-2～表3-5。

(1) 遥感监测 随着空间对地观测技术的发展，遥感监测的应用范围不断扩大，卫星时空分辨率不断提高的同时，卫星数据信息的应用越来越民用化，利用卫星的航天遥感在区域宏观森林生态监测中的应用成为普及。许多对地观测平台的时空分辨率可满足或差分后满足监测精度的要求，大量传感器的数据由地面站处理形成标准物理变量，可作为良好的监测信息源。常用的TM数据的主要信息有亮度、绿度、湿度、温度和蚀变等，在森林生态因子监测中其不同波段均有着不同的功能。

(2) 地面监测 地面监测是传统技术方法，但仍很重要，是不可缺少的基础性工作。因为它可以提供真实的资料（实测值），其真实的测量结果可以为航空或航天监测的结果提供

表 3-2　森林土壤的理化指标

指标类别	观测指标	单位	观测频度
森林枯落物	厚度	mm	每年 1 次
土壤物理性质	土壤颗粒组成	%	每 5 年 1 次
	土壤容重	g/cm^3	每 5 年 1 次
	土壤总孔隙度(毛管孔隙及非毛管孔隙)	%	每 5 年 1 次
土壤化学性质	土壤 pH 值		每年 1 次
	土壤阳离子交换量	cmol/kg	每 5 年 1 次
	土壤交换性钙和镁(盐碱土)	cmol/kg	每 5 年 1 次
	土壤交换性钾和钠	cmol/kg	每 5 年 1 次
	土壤交换性酸量(酸性土)	cmol/kg	每 5 年 1 次
	土壤交换性盐基总量	cmol/kg	每 5 年 1 次
	土壤碳酸盐量(盐碱土)	cmol/kg	每 5 年 1 次
	土壤有机质	%	每 5 年 1 次
	土壤水溶性盐分(盐碱土中的全盐量,碳酸根和重碳酸根,硫酸根,氯离子,钙离子,镁离子,钾离子,钠离子)	%,mg/kg	每 5 年 1 次
	土壤全氮 水解氮 亚硝态氮	% mg/kg mg/kg	每 5 年 1 次
	土壤全磷 有效磷	% mg/kg	每 5 年 1 次
	土壤全钾 速效钾 缓效钾	% mg/kg mg/kg	每 5 年 1 次
	土壤全镁 有效态镁	% mg/kg	每 5 年 1 次
	土壤全钙 有效钙	% mg/kg	每 5 年 1 次
	土壤全硫 有效硫	% mg/kg	每 5 年 1 次
	土壤全硼 有效硼	% mg/kg	每 5 年 1 次
	土壤全锌 有效锌	% mg/kg	每 5 年 1 次
	土壤全锰 有效锰	% mg/kg	每 5 年 1 次
	土壤全钼 有效钼	% mg/kg	每 5 年 1 次
	土壤全铜 有效铜	% mg/kg	每 5 年 1 次

注：国家林业局，2003。

表 3-3　森林生态系统的健康与可持续发展指标

指标类别	观测指标	单位	观测频度
病虫害的发生与危害	有害昆虫与天敌的种类		每年1次
	受到有害昆虫危害的植株占总植株的百分率	%	每年1次
	有害昆虫的植株虫口密度和森林受害面积	个/hm^2,hm^2	每年1次
	植物受感染的菌类种类		每年1次
	受到菌类感染的植株占总植株的百分率	%	每年1次
	受到菌类感染的森林面积	hm^2	每年1次
水土资源的保持	林地土壤的侵蚀强度级		每年1次
	林地土壤侵蚀模数	t/(km^2·a)	每年1次
污染对森林的影响	对森林造成危害的干湿沉降组成成分		每年1次
	大气降水的酸度,即pH值		每年1次
	林木受污染物危害的程度		每年1次
与森林有关的灾害的发生情况	森林流域每年发生洪水、泥石流的次数和危害程度以及森林发生其他灾害的时间和程度,包括冻害、风害、干旱、火灾等		每年1次
生物多样性	国家或地方保护动植物的种类、数量		每5年1次
	地方特有物种的种类、数量		每5年1次
	动植物编目、数量		每5年1次
	多样性指数		每5年1次

注：国家林业局，2003。

表 3-4　森林水文指标

指标类别	观测指标	单位	观测频度
水量	林内降水量	mm	连续观测
	林内降水强度	mm/h	连续观测
	穿透水	mm	每次降水时观测
	树干径流量	mm	每次降水时观测
	地表径流量	mm	连续观测
	地下水位	m	每月1次
	枯枝落叶层含水量	mm	每月1次
	森林蒸散量①	mm	每月或每个生长季1次
水质②	pH值,钙离子,镁离子,钾离子,钠离子,碳酸根,碳酸氢根,氯离子,硫酸根,总磷,硝酸根,总氮	除pH值以外,其他均为mg/dm^3或μg/dm^3	每月1次
	微量元素(B, Mn, Mo, Zn, Fe,Cu),重金属元素(Cd, Pb, Ni,Cr, Se, As, Ti)	mg/m^3或mg/dm^3	有本底值以后,每5年1次,特殊情况需增加观测频度

① 测定森林蒸散量，应采用水量平衡法和能量平衡-波文比法。

② 水质样品应从大气降水、穿透水、树干径流、土壤渗透水、地表径流和地下水中获取。

注：国家林业局，2003。

表 3-5　森林的群落学特征指标

指标类别	观测指标	单位	观测频度
森林群落结构	森林群落的年龄	a	每5年1次
	森林群落的起源		每5年1次
	森林群落的平均树高	m	每5年1次
	森林群落的平均胸径	cm	每5年1次
	森林群落的密度	株/hm^2	每5年1次
	森林群落的树种组成		每5年1次
	森林群落的动植物种类数量		每5年1次
	森林群落的郁闭度		每5年1次
	森林群落主林层的叶面积指数		每5年1次
	林下植被(亚乔木、灌木、草本)平均高	m	每5年1次
森林群落乔木层生物量和林木生长量	林下植被总盖度	%	每5年1次
	树高年生长量	m	每5年1次
	胸径年生长量	cm	每5年1次
	乔木层各器官(干、枝、叶、果、花、根)的生物量	kg/ hm^2	每5年1次
	灌木层、草本层地上和地下部分生物量	kg/ hm^2	每5年1次
森林凋落物量	林地当年凋落物量	kg/ hm^2	每5年1次
森林群落的养分	C、N、P、K、Fe、Mn，Cu、Ca，Mg，Cd，Pb	kg/hm^2	每5年1次
群落的天然更新	包括树种、密度、数量和苗高等	株/hm^2，株，cm	每5年1次

注：国家林业局，2003。

准确性，并帮助做出科学的专业性解释。如气象和小气候、植被类型、土壤特征、森林水分动态、种群密度及生长、生态系统过程与格局、水土流失、土地沙化以及社会经济的基本情况等（孙玉军，2007）。

(3) 定位监测和半定位监测

① 定位监测。在一定的区域内，选择有代表性的森林生态环境类型，设固定监测点，进行长期、系统、连续的观测与研究。

② 半定位监测。相对于定位监测而言，通常由于人力、财力等方面的限制，定位观测站数量有限，对于一些特殊的森林生态系统类型进行相对短期的、不连续的观测和研究，作为对定位观测站的补充。

(4) 定期监测、日常监测和专项监测

① 定期监测。在已有土地变更调查的基础上，扩充、完善土地利用分类体系，开展每年一次的资源与生态环境变更调查，全面监测资源与生态环境变化；利用遥感手段，定期监测重点地区（尤其是国家级监测区域）资源与生态环境变化，并核查资源与生态环境监测数据的详实性。

② 日常监测。随时监测有关洪水、违法用地、毁林砍伐、毁草开荒、乱占滥用土地等突发事件。

③ 专项监测。在国家重点生态环境建设地区进行资源与生态环境时空变化的监测，主要包括黄河上中游地区、长江上中游地区、风沙区、草原区等。

二、草原生态系统的监测

1. 草原生态系统监测的目的

草原生态系统是暖温带半湿润、中温带干旱半干旱和半湿润地区的地带性生态系统，它

是由禾草、类禾草、阔叶杂类草、灌木等组成的天然植被类型。草原生态系统监测的主要目的就是探讨和揭示不同草原生态系统的结构与功能在气候变化和人类活动的影响下的变化规律，阐明草原生态系统发生、发展和演化规律的动力机制，以便为更合理地利用草地资源，达到资源持续利用和社会经济持续发展的目的。草原监测是掌握草原资源动态变化、测算草原生产力、分析植被长势、评价工程效益、估算草原灾害程度和损失、评定草原生态状况的一种手段，对于及时获取草原资源的变化信息，合理利用草原资源，保护和改善草原生态环境，科学规划草原保护建设工程，促进草原畜牧业可持续发展等具有深远的意义。草原监测成为草原管理的一项常规性工作，已在全国范围内正规化、业务化运行，为草原科学决策和管理提供了大量信息和数据基础。

2. 草原生态系统监测的指标与方法

草原生态系统监测的主要内容如下（韩天虎等，2009）。

(1) 不同草原类型及其分布面积测定　主要是对不同类型、不同景观的草原面积、分布及动态变化进行测定，定期提供各类草原的面积现状、分布格局、动态变化数据及图件资料。

(2) 草原植物量监测及草畜平衡测定　实时监测不同季节、不同年份各草原植物长势、植物生物量及其空间分布格局和动态变化趋势；分析生物量变化原因；计算草原载畜量，定期发布不同草原区的草畜平衡状况，提出草畜平衡对策。

(3) 草原生态环境监测　监测草原资源主要生态要素（水源状况、土壤状况）现状及其变化，包括不同时相的水源数量、分布及其变化；土壤侵蚀状况、腐殖质层厚度及有机质含量；草原沙化、退化、盐碱化面积、程度及空间分布格局；气候及人类活动对草原沙化、退化的影响；定期提供草原生态环境现状和动态变化信息，为草原生态环境的合理保护和有效治理提供科学依据。

(4) 草原自然灾害监测　对草原主要自然灾害（草原火灾，草原黑、白灾，草原鼠、虫害）的受害区域、发生发展规律及原因进行实时监测，对灾情损失状况进行科学评估，为最大限度降低草原灾害损失提供依据。主要内容有：监测雪灾发生区域、面积、雪层厚度及雪灾的发展情况；监测植物的生长状况和水分的供应情况，预测旱灾发生的地区、范围、程度；监测火情发生时间、位置、过火面积及火势发展趋势，评估火情经济损失；监测鼠虫害发生的地点、范围、面积及灾情程度，及时向有关部门发出灾情报告。

(5) 草原生态工程监测及效益评价　准确掌握天然草原保护工程、荒漠化防治工程、水土流失治理工程等各类草原生态工程的类型、建设内容、面积及分布格局，同时对工程实施后所产生的生态效益、经济效益和社会效益进行综合监测、评价。

(6) 气象因素监测　气象因素如温度、降水、湿度、日照等是影响草原植物生长、发育的重要因素，监测这些因素的变化规律，研究其与植物生长的关系有十分重要的意义。

依据上述监测内容需要监测的指标如下（陈佐忠和汪诗平，2004）。

① 气象指标。包括气温、地温、降水量、水汽压、相对湿度、水面蒸发、实际日照时数、风向、风速、光辐射等。

② 土壤指标。包括土壤水分、全量和速效养分、土壤动物种类和生物量、土壤微生物

种类和生物量等。

③ 植物指标。包括群落组成、群落结构、主要种群物候学特征、地上地下生物量和生产力等。

④ 动物指标。包括昆虫（啮齿类动物）群落结构和种群动态、优势种食性食量、放牧家畜的放牧行为及食性食量等。

三、湖泊生态系统的监测

1. 湖泊生态系统监测的目的

湖泊的观测要素有大气要素、水文要素、湖水理化要素、沉积物与主要水生生物类群等，通过生态监测，可以了解和认识湖泊生态系统的物理、化学和生物过程的动态变化和演化趋势，获得湖泊生态环境变化过程中内部和外部动力作用的信息，并且可以在区域尺度上认识湖泊生态系统的特征。有助于从理论上研究湖泊生态演替的特点、研究湖泊污染和富营养化机制，最终为建立湖泊管理优化模式提供科学依据。同时，深入了解陆地生态系统与湖泊生态系统间的相互影响和相互作用，为湖泊资源的合理开发、湖泊污染和富营养化治理、湖泊生态系统的恢复与重建服务，促进流域持续发展（陈伟民等，2005）。

2. 湖泊生态系统监测的指标与方法

一般对湖泊的监测以水温、透明度、水色等简单的理化因子加上水生生物的观测。根据对水体监测的目标不同，其观测指标各异。我国湖泊生态系统监测指标分为 6 大类 52 个指标，涉及湖泊气象、水文、化学与水生生物指标等（表 3-6～表 3-11）。

表 3-6 气象常规指标

指标类别	观测指标	观测频度
天气现象	云量、云状、云高	每日 3 次
	气压	每小时 1 次
风	风向、风速	每小时 1 次
空气温度	最低温度	每日 1 次
	最高温度	每日 1 次
	定时温度	每日 1 次
地表温度	地表定时温度	每小时 1 次
	地表最低温度	每小时 1 次
	地表最高温度	每小时 1 次
空气湿度	相对湿度	每小时 3 次
辐射	总辐射量	每小时 1 次
	净辐射量	每小时 1 次
	分光辐射	每小时 1 次
	反光辐射	每小时 1 次
雪	初雪	每日 1 次
	终雪	每日 1 次
	雪深	每日 1 次
降水	降水总量	连续观测或每日 3 次
	降水强度	连续观测或每日 3 次
蒸发量	蒸发量	每日 1 次

注：引自陈伟民等，2005。

表 3-7 自然地理及水文指标

指标类别	观测指标	观测频度
水域形态特征	面积	每10年1次
	深度	
	宽度	
	岸线类型	
	岸线长度	
	底质	
测流计		每10年1次
交换率		每10年1次
生活污水、工业废水的流入量		每5年1次
地表径流		每10年1次

注：引自陈伟民等，2005。

表 3-8 理化指标

指标类别	观测指标	观测方法	观测频度
物理指标	水温	水温计法	每月1次
	浊度	分光光度计法	每年4～12次
	水色	铂钴标准比色法	
	透明度	塞氏盘法	
	悬浮物	重量法	
	电导率或盐度	电导率仪或盐度计	
	水下辐射	水下辐射计	
化学指标	pH值	玻璃电极法	每5年4～12次
	溶解氧	碘量法	
	碱度	酸碱指示剂滴定法	
	钾、钠	火焰原子吸收分光光度法	
	钙、镁	EDTA滴定法	
	氧化还原电位	氧化还原电位计法	
	氯化物	硝酸银滴定法	
	硫酸盐	重量法	
	总磷	钼酸铵分光光度法	
	磷酸盐	磷钼蓝比色法	
	总氮	紫外分光光度法	
	硝酸盐氮	酚二磺酸分光光度法	
	亚硝酸盐氮	分光光度法	
	氨态氮	纳氏试剂分光光度法、水杨酸二次氯酸盐光度法	
	硅酸盐	硅钼蓝自动比色法	
	总有机碳	差减法	
	化学需氧量	高锰酸盐指数法	
	生化需氧量	稀释接种法	
底质分析	pH	玻璃电极法	每年1次
	氧化还原电位	氧化还原电位法	
	含水量	烘干法	
	粒度	移液管法	
	凯氏氮	重铬酸钾-硫酸消化法	
	总磷	高氯酸-硫酸消化法	

注：引自陈伟民等，2005。

表 3-9 生物指标

指标类别	观测指标	观测方法	观测频度
大型植物	种类组成、生物量	带网铁夹法	每年 1～2 次
浮游植物	种类组成、数量、生物量	浮游生物网、沉淀法	每年 4 次
浮游动物	种类组成、数量、生物量	浮游生物网、沉淀法	每年 4 次
底栖动物	种类组成、密度、生物量	采泥器法	每年 2～4 次
游泳动物	种类组成、年龄、体重、体长、肥满度	网具法	每年 1 次
细菌	密度	平板法、直接计数法	每年 2 次

注：引自陈伟民等，2005。

表 3-10 生物生产力监测

指标类别	观测方法	观测频度
浮游植物初级生产力	黑白瓶测氧法	每年 4～12 次
叶绿素 a	分光光度法	每年 4～12 次

注：引自陈伟民等，2005。

表 3-11 水域和周边社会经济调查

指标类别	观测方法	观测频度
渔业经济	统计数据或抽样调查	每年 1 次
土地利用	统计数据或抽样调查	每 5 年 1 次
植被	统计数据或抽样调查	每 5 年 1 次
人口	统计数据或抽样调查	每年 1 次

注：引自陈伟民等，2005。

四、湿地生态系统的监测

1. 湿地生态系统监测的目的

湿地生态系统观测就是采用科学的、可比的方法在一定时间或空间上对特定类型湿地生态系统结构与功能的特征要素与功能要素进行野外定位观察与测度，是定量获取湿地生态系统状况及其变化信息的过程。以揭示湿地生态系统的形成和演化规律，构建湿地生态系统模型，阐明湿地退化的原因，评价湿地生态系统的健康状况，探索湿地保护的途径。它是进行湿地科学研究的基础性工作，是制定湿地保护政策和实施湿地恢复工程的依据（吕宪国，2004）。

湿地生态系统观测是获取湿地生态系统以及环境信息的重要手段，其观测结果是对生态系统的变化做出科学预测和制定合理保护措施的重要依据。要了解一个区域的湿地环境现状并对此做出评价，要掌握湿地系统的结构、功能与发育演化的过程及其规律并做出预测，必须依靠对湿地生态系统各项指标的监测。要了解湿地的开发利用状况、受威胁状况以及管理现状，进而采取有利的措施保护湿地，制定科学的湿地管理政策，也必须依靠湿地生态系统结构与功能状况长期、系统的科学数据（吕宪国，2004）。

2. 湿地生态系统监测的指标与方法

不同的湿地区域以及不同的研究目的所需要的观测内容可能存在一定的差别，但作为一套完整的观测系统，其最基本的观测内容应包含：湿地的类型、面积与分布；湿地及周边的气象气候状况；湿地水资源状况；湿地土壤及土地利用状况；湿地的生物多样性及其珍稀濒危野生动植物；湿地周边地区的社会经济发展对湿地资源的影响；湿地的管理状况和研究状况等。

湿地生态系统基本观测指标体系如下（吕宪国，2004）。

(1) 气象及大气环境要素 降雨量、气温、地湿、气压、空气湿度、风、蒸发、日照、辐射；贴地层 CO_2、CH_4、N_xO、干湿沉降；小气候和物候等。湿地气象要素观测和大气环境化学观测的常规观测指标和方法见表 3-12，自选观测指标和方法见表 3-13。

表 3-12　湿地气象要素观测和大气环境化学观测的指标与观测方法（常规观测指标）

观测项目	观测指标	观测方法和技术	观测频率
气压	气压	动槽式或定槽式水银压力表	4 次/天
大气温度指标	气温	干湿球温度表	4 次/天
	最高气温	最高气温表	1 次/天
	最低气温	最低气温表	
降水量	降水量	雨量器、翻斗式遥测雨量计或虹吸式雨量计	4 次/天
相对湿度	相对湿度	干湿球温度表和湿度计	4 次/天
蒸发量	蒸发量	小型蒸发器和 E-601 型蒸发器	1 次/天
地温	地面温度	地面温度表	4 次/天
	地面最高温度	地面最高温度表	1 次/天
	地面最低温度	地面最低温度表	1 次/天
	土壤温度	曲管地温表或直管地温表	1 次/天
土壤冻结深度	土壤冻结深度	冻土器	1 次/天
风速	风向	电接风向风速计或达因式风向风速计	4 次/天
	风速	电接风向风速计或达因式风向风速计	
日照	日照时数	暗筒式或聚焦式日照计	1 次/天
辐射	总辐射	总辐射表	1 次/小时
	净辐射量	净辐射表	
	散射辐射	散射辐射表	
	反射辐射	总辐射表	
小气候指标	气温	干湿球温度表或电测温度	阶段性观测，在植物生育期内进行，每次 3～7 天（选典型天气），每年观测次数根据具体气候环境确定
	最高气温	最高气温表	
	最低气温	最低气温表	
	相对湿度	通风干湿表或湿度测定计	
	风向	风标式风向风速表或轻便风向风速表	
	风速	风杯式风速表或轻便风速表	
	降水量	雨量器、翻斗式遥测雨量计或虹吸式雨量计	
	地面温度	地面温度表	
	土壤温度	曲管地温表或直管地温表	
	总辐射	总辐射表	
	净辐射量	净辐射表	
	反射辐射	总辐射表	

注：引自吕宪国，2004。

表 3-13　湿地气象要素观测和大气环境化学观测的指标与观测方法（自选观测指标）

观测项目	观测指标	观测方法和技术	观测频率
大气环境化学指标	二氧化碳	气相色谱和非色散红外法	每季度观测 1 次
	甲烷	现场采样和室内气相色谱仪分析的方法	
	氮氧化物	盐酸萘乙二胺比色法、化学发光法以及气相色谱法	
	大气干降尘	称重法测定降尘量	
	大气湿沉降	湿沉降量测定和大气湿沉降组分测定	
小气候指标	紫外辐射	紫外总日射表	阶段性观测
	光合有效辐射	光量子仪	
	土壤热通量	土壤热通量板	
物候指标	湿地植物	野外直接观测	1 次/3 天
	湿地动物	野外直接观测	
	气象水文现象	野外直接观测	

注：引自吕宪国，2004。

（2）生物要素　植物群落特征、植物的生物量和生产力；水禽种数及主要水禽种群的数量、兽类种群及种群数量、两栖类种数及种群数量、爬行类种数及种群数量、迁徙动物的种类和数量、土壤动物的种类和数量、鱼类种类和数量、土壤微生物种类和数量；外来物种等。常规观测指标和方法见表 3-14，自选观测指标和方法见表 3-15。

表 3-14　湿地生物要素观测（常规观测指标）

观测项目	观测指标	观测方法和技术	观测频率
湿地植被	湿地植被类型、面积与分布	利用卫星影像、航空相片、地形图等资料，结合野外勘察	1 次/5 年
湿地植物群落特征	种类组成	样方法	1 次/3 年，在植物生长期进行调查，每月 1 次
	生活型	样方法	
	多度	样方法	
	密度	样方法	
	盖度	样方法	
	高度	样方法	
	叶面积指数	叶面积仪法	
湿地植物群落生物量	湿地草本植物群落生物量	野外和室内进行地上地下观测	1 次/3 年，在植物生长期进行调查，每月 1 次
	湿地灌木群落生物量	样方法	
	湿地森林群落生物量	平均校准木法	
	大型水生植物现存量	框架采集法	
	浮游植物生物量	叶绿素测定法或黑白瓶测氧法	
湿地植物群落第一性生产力	湿地草本植物群落第一性生产力	收获法或光合作用测定仪法	1 次/5 年，在植物生长期进行调查，每月 1 次
	灌木群落第一性生产力	收获法或光合作用测定仪法	
	湿地森林群落第一性生产力	收获法或光合作用测定仪法	
	浮游植物生物量第一性生产力	叶绿素测定法或黑白瓶测氧法	
湿地野生动物	水禽种类和种群数量	样线统计法或样点统计法	3 次/年，春季、繁殖期以及秋季进行观测
	爬行类、两栖类种类和种群数量	样线统计法	
	土壤动物种类和数量	采集框法、镜检法、漏斗法	1 次/5 年，春、夏、秋季进行观测
	鱼类种类和数量	捕捞，或者利用渔场或渔民所提供的渔获物	
	浮游动物种类和数量的测定	显微镜法、测量法	
	水中底栖动物种类、数量和生物量的测定	采泥器法	
外来物种	外来物种的观测	直接野外调查法	1 次/3 年，在植物生长期进行调查，每月 1 次

注：引自吕宪国，2004。

表 3-15　湿地生物要素观测（自选观测指标）

观测项目	观测指标	观测方法和技术	观测频率
湿地野生动物	大型兽类种类和种群数量	样线统计法或样地哄赶法	1 次/5 年
	小型兽类种类和种群数量	夹日法、去除法或标志重捕法	
	昆虫种类和数量	样方法	
湿地微生物	湿地土壤微生物数量	培养基法	1 次/5 年
	湿地水体中细菌现存量	培养基法	
	有毒藻类的微囊藻毒素	小白鼠生物测定法或高效液相色谱法	

注：引自吕宪国，2004。

① 动物指标。鸟类、鱼类、两栖爬行类、兽类、底栖动物等的种类组成、群落特征、生物数量、优势种类、指示种类、生活习性、食物链消长，濒危野生动物数量及动态、活动范围、越冬时间、迁徙规律，动物体内农药、重金属等有毒物质富集量。

② 植物指标。乔木、灌木、草甸、沉水植物、挺水植物和藻类等的数量、生物量、生长量、优势种、指标植物、群落结构、群落面积、覆盖度，珍稀植物及其分布特征，植株、果实或种子中农药、重金属等有毒物质含量、叶绿素 A 含量。

③ 微生物指标。微生物种群分布、数量和季节变化，细菌总数、粪大肠菌群，土壤酶类与活性、呼吸强度、固氮菌及固氮量。

(3) 土壤要素　湿地土壤的观测指标可以分为湿地土壤物理指标和湿地土壤化学指标。

物理要素指标包括机械组成、土粒密度、容重、孔隙度、土壤含水量、田间含水量、凋萎含水量、土壤水吸力和水分常数曲线以及土壤呼吸等。

化学要素主要是 pH 值、氧化还原电位、有机质、腐殖质组成、全盐量、氮、磷、钾以及土壤微量元素等。

常规观测指标和方法见表 3-16，自选观测指标和方法见表 3-17。

(4) 水文及水质要素　包括地表水深、水位、流速、水量、地下水位等指标；地表水、地下水以及雨水的水质要素观测指标等。常规观测指标和方法见表 3-18，自选观测指标和方法见表 3-19。

表 3-16　湿地土壤要素观测（常规观测指标）

观测项目	观测指标	观测方法和技术	观测频率
物理性质	土粒密度	比重瓶法	1 次/10 年
	土壤容重	环刀法	1 次/10 年
	土壤含水量	烘干法、中子法或时域反射仪法	1 次/7 天
化学性质	pH 值	电位法	1 次/3 年
	氧化还原电位	电位法	1 次/3 年
	土壤有机质	化学方法：重铬酸钾氧化-外加热法。 物理方法：大小分组和密度分组	1 次/3 年
	土壤全盐量	质量法或电导法	1 次/5 年
	全氮	开氏法	1 次/3 年
	铵态氮	氧化镁浸提-扩散法	1 次/年
	硝态氮	酚二磺酸比色法	1 次/年
	全磷	硫酸-高氯酸消煮-钼锑抗比色法或氢氟酸-高氯酸消煮-钼锑抗比色法	1 次/3 年
	有效磷	盐酸-氟化氨浸提-钼锑抗比色法或盐酸-硫酸浸提法	1 次/年
	全钾	氢氧化钠碱熔-光焰光度法或氢氟酸-高氯酸消煮-光焰光度法	1 次/3 年
	速效钾	乙酸铵浸提-火焰光度法	1 次/年
	硫化物	燃烧碘量法	1 次/5 年
	有效硫	磷酸盐-HOAc 浸提-硫酸钡比浊法	1 次/5 年
	全铁	氢氟酸-高氯酸-硝酸消煮-原子吸收光谱法或氢氟酸-高氯酸-硝酸消煮-邻啡啰啉比色法	1 次/5 年
	有效铁	DTPA 浸提-原子吸收光谱法或 DTPA 浸提-邻菲啰啉比色法	1 次/5 年
	全锰	氢氟酸-硝酸消煮-原子吸收光谱法或氢氟酸-硝酸消煮-高碘酸钾比色法	1 次/5 年
	有效锰	乙酸铵-对苯二酚浸提-原子吸收光谱法或乙酸铵-对苯二酚浸提-高碘酸钾比色法	1 次/5 年

注：引自吕宪国，2004。

表 3-17 湿地土壤要素观测（自选观测指标）

观测项目	观测指标	观测方法和技术	观测频率
物理性质	土壤颗粒组成	吸管法和比重计法	1次/10年
	孔隙度	吸力平板法	
	土壤田间含水量	围框淹灌法或压力膜法	1次/7天
	凋萎含水量	生物法或压力膜法	
	土壤水吸力	张力计法或室内压力膜法	1次/5年
	土壤呼吸	静态气室法或动态气室法	
化学性质	锌	氢氟酸-硫酸消煮-原子吸收光谱法或氢氟酸-硫酸消煮-双硫腙比色法	1次/5年
	铜	DTPA浸提-原子吸收光谱法或DTPA浸提-DDTC比色法	
	铅	氢氟酸-高氯酸-硝酸消煮-石墨炉原子吸收光谱法	
	镍	氢氟酸-高氯酸-硝酸消煮-原子吸收光谱法	
	铬	氢氟酸-高氯酸-硝酸消煮-原子吸收光谱法	
	汞	硫酸-五氧化二钒消煮-冷原子吸收法	

注：引自吕宪国，2004。

表 3-18 湿地水文要素观测（常规观测指标）

观测项目	观测指标	观测方法和技术	观测频率
水文要素	地表水位	自记水位计和水尺	1次/天
	流速	流速仪	
	径流量	三角形水堰测流法	
	地下水位	自记水位计测量或人工测量	
水体理化性质	水温	水温计	4次/天
	浊度	分光光度法和目视比浊法	在枯水期、丰水期和平水期各观测1次
	pH值	玻璃电极法	
	碱度	酸碱指示剂滴定法或电位滴定法	
	电导率	电导率测定法	
	溶解氧	碘量法或电化学探头法	
	氧化还原电位	氧化还原电位计测定法	
	矿化度	重量法、电导法	
	钾、钠	火焰原子吸收分光光度法	
	钙、镁	EDTA法或原子吸收分光光度法	
	氯化物	硝酸银滴定法、离子色谱法	
	硫酸盐	重量法或铬酸钡分光光度法	
	总氮	紫外分光光度法	
	氨氮	纳氏试剂分光光度法、水杨酸-次氯酸盐光度法	
	硝氮	酚二磺酸光度法、离子色谱法	
	凯氏氮	开氏法	
	总磷	钼酸铵分光光度计法	
	磷酸盐	磷钼蓝分光光度法	
	总有机碳	燃烧法、气相色谱法	
	化学需氧量	重铬酸钾法	
	石油烃类	紫外分光光度法	1～4次/年
	多氯联苯	气相色谱法	
	滴滴涕	气相色谱法	

注：引自吕宪国，2004。

表 3-19　湿地水文要素观测（自选观测指标）

观测项目	观测指标	观测方法和技术	观测频率
水文要素	地表水深	测深杆、测深锤	1次/天
水体理化性质	透明度	塞式盘法	在枯水期、丰水期和平水期各观测1次
	生化需氧量	稀释接种法	
	铅	火焰原子吸收光谱法、示波极谱法	1次/1～3年，平水期观测1次，或在枯水期、丰水期和平水期各观测1次
	镉	火焰原子吸收光谱法、示波极谱法	
	铁	火焰原子吸收光谱法、邻菲啰啉分光光度法	
	锰	火焰原子吸收光谱法、高碘酸钾分光光度法	
	铜	火焰原子吸收光谱法、石墨炉原子吸收光谱法	
	总汞	冷原子吸收分光光度法	
湿地沉积物	全氮	开氏法	1次/年
	总磷	高氯酸-硫酸消化法	
	铜、镍、铅、镉	氢氟酸-高氯酸消解-火焰原子吸收光谱法	1次/5年
	铬	硝酸-氢氟酸-硫酸消解-火焰原子吸收光谱法	
	汞	硫硝混合酸-高锰酸钾或五氧化二钒消解-冷原子吸收光谱法	
	砷	硫酸-硝酸-高氯酸消解-DDC分光光度法	
	硫化物	燃烧碘量法	
	滴滴涕	气相色谱法	
	多氯联苯	气相色谱法	

注：引自吕宪国，2004。

第二节　土地利用变化监测

面对当前日益加剧的人口-资源-环境问题，全球变化研究成为近年来国际上最为活跃的研究领域之一。而在众多的全球变化问题中，土地利用/土地覆盖变化研究显得尤为重要，其原因有二：首先，土地利用/土地覆盖变化是引起其他全球变化问题的主要原因，因而在全球环境变化和可持续发展研究中占有重要地位；其次，地球系统科学、全球环境变化以及可持续发展涉及自然和人文多方面的问题，而在全球环境变化问题中，土地利用/土地覆盖变化可以说是自然与人文过程交叉最为密切的问题。土地评价则是土地利用规划的主要依据，是合理、持续利用土地的重要手段。国际上对土地评价的研究非常重视，自从20世纪60年代以来，美国、英国、荷兰、澳大利亚等国均开展广泛的土地评价方面的研究工作，但多以土地分类和土地潜力分类为主。1976年，联合国粮农组织（FAO）颁布了“土地评价纲要”，曾广泛应用于世界各国的土地评价，大大促进了国际上土地评价的研究。该系统主要是对土地适宜性的评价，特别适用于土地开发中的评价项目。但是，随着人口增长、土地退化、环境问题的日益加剧，土地持续利用问题已成为该领域研究的焦点。而“土地评价纲要”系统多以土地的现状特征分析为主，它提供的信息已远远满足不了土地持续利用和自然保护等现代土地利用规划的需求。1993年，FAO发布了“持续土地利用管理评价大纲”，认为“持续性是适宜性在时间方向上的扩展”，并强调评价的多目标、评价因素的综合性及在可预见的将来的适宜性，提出了持续土地利用管理评价的基本概念、原则和程序，初步指出了土地利用的生态性和持续性问题。

1. 土地利用变化的概念及研究内容

土地覆盖是指地球表层的自然属性和生物物理属性，而土地利用则指土地的使用状况或土地的社会、经济属性。两者构成了土地的两种属性（双重属性）。因此，土地覆盖变化包括生物多样性、现实和潜在的生产力、土壤质量以及径流和沉积速度中的种种变化。由于当代的土地覆盖变化主要是人类对土地的利用造成的，所以认识土地利用变化是了解土地覆盖变化的首要条件。土地利用既包括土地生物物理特点的利用方式，也包括隐藏在控制土地生物物理特点之下的意图，即利用土地的目的。

土地利用/土地覆盖变化（LUCC）研究是当前国际全球变化研究计划中的重要组成部分。自1990年起，隶属于“国际科学联合会（ICSU）”的IGBP和隶属于“国际社会科学联合会（ISSC）”的HDP积极筹划全球性综合研究计划，于1995年共同拟定并发表了《土地利用/土地覆盖变化科学研究计划》，将其列为核心研究计划，并于1996年1月28日至2月2日在荷兰举行了有关土地利用/土地覆盖变化的国际会议。在这次会议上提出了五个关于土地利用/土地覆盖的框架问题及三个焦点（表3-20）。

表3-20 五个关于土地利用/土地覆盖的框架问题及三个焦点

问题类型	具体内容
框架问题	过去的300年中人类的活动是如何改变土地覆盖的？
	在不同历史阶段、不同地理单元，土地利用变化的主要人文因素是什么？
	在今后50～100年中土地利用变化将如何影响土地覆盖？
	直接的人文和生物物理过程是如何影响特定土地利用类型的承载力的？
	气候和全球生物地球化学作用怎样影响土地利用和土地覆盖？反之又如何？
焦点问题	土地利用动态变化——典型对比分析研究
	土地覆盖动态变化——直接观察和诊断模型
	区域的与全球的模式——综合评价的框架

综合以上五个框架问题以及三个研究焦点，土地利用变化的人文驱动力、土地利用动态变化过程、发展趋势及环境影响评价的研究占有重要的地位，也构成了土地利用变化研究的主要内容。

2. 土地利用/土地覆被变化动态监测的内容

(1) 土地利用动态监测的概念及作用　土地利用是一种社会经济现象，是人们根据土地的特性和人为干预所决定的土地功能。本质是指人与土地的内在联系。在人地关系中，人是主体，是主导的、能动的起决定作用的因素。人的主导作用决定着人地关系的性质及其发展趋势，包含了人对土地的积极开发利用与改造，也包含受当前利益的驱使，对土地的过度开发与不合理利用，造成土地退化和环境恶化。而作为国家管理措施之一的土地管理，对于不合理的开发、利用行为，需要及时地发现，并采取必要措施及时加以制止。完成这种管理职能的重要手段便是开展土地利用状况动态监测，只有这样，才能更好地巩固和发展与社会制度相适应的土地制度、有利于充分合理利用土地资源、最大限度地保护人类赖以生存的耕地。

土地利用动态监测是指运用遥感技术和土地调查等手段和计算机、监测仪等科学设备，以土地详查的数据和图件作为本底资料，对土地利用的时空动态变化进行全面系统地反映和分析的科学方法。具有以下特点：监测成果的多样性；监测体系的层次性；技术要求的区域性；技术手段的综合性。

土地利用动态监测的作用主要有：

① 保证土地利用有关数据的现时性，保证信息能不断得到更新。

② 通过动态分析，揭示土地利用变化的规律，为宏观研究提供依据。

③ 能够反映规划实施状况，为规划信息系统及时反馈创造条件。

④ 对一些重点指标进行定时监控，设置预警界线，为政府制定有效政策与措施提供服务。

⑤ 及时发现违反土地管理法律法规的行为，为土地监察提供目标和依据等。

(2) 土地利用动态监测的目的　土地利用动态监测的目的在于能及时地掌握土地利用及其时空变动状况，有效地利用土地资源，使其发挥最佳效益。其目的在于：

① 为国家制定经济发展计划、资源利用和环境保护政策提供决策依据。

② 寻求达到土地利用最佳整体效益的配置方案，以满足国民经济各个部门对土地的需求。

③ 确定土地持续利用方式，以促进土地资源质量的保持。

④ 实施土地利用和土地管理的科学化和规范化。

目前，我国开展的土地利用动态监测主要是对耕地和建设用地等土地利用变化情况进行及时、直接和客观的定期监测，检查土地利用总体规划和年度用地计划执行情况，重点核查每年土地变更调查汇总数据，为国家宏观决策提供比较可靠、准确的依据，对违法或涉嫌违法的地区及其他特定目标除特殊情况进行快速的日常监测，如为违法用地查处和突发事件处理提供依据。

(3) 土地利用动态监测的内容　从土地管理的目标和任务来看，土地利用动态监测的内容如下。

① 区域土地利用状况监测。通过土地利用状况的监测，来反映土地利用结构的变化，对土地利用方向的变化进行控制和引导。监测重点是城镇建设用地执行规划情况，特别是建设占用耕地情况。

② 土地政策措施执行情况监测。政策的制定依靠准确的信息，同时信息又是执行政策的反馈。土地利用监测就是获取土地信息和反馈土地政策、检验土地管理措施执行结果的主渠道，如规划目标实现情况监测、建设用地批准后的使用情况监测、土地违法行为监测等。这一类的监测一般是专题监测。

③ 土地生产力监测。土地生产力受制于自然和社会两大因素，呈现出动态变化。土地生产力监测的重点是土壤属性、地形、水文、气象、土地的投入产出水平等指标。

④ 土地环境条件监测。环境影响土地利用，土地也是环境的一部分。对土地环境条件的监测，重点是考察环境条件的变化、环境污染等对土地利用产生的影响。如对农田防护林防护效应的监测、基本农田保护区内耕地环境污染的监测与评价、土地植被变化监测等。

(4) 土地利用动态监测的主要指标　土地利用动态监测的主要指标包括土地利用结构与利用程度、土地管理政策措施、土地利用经济社会效益以及土地环境和生产力等（表 3-21）。

表 3-21　土地利用动态监测的主要指标

主要监测指标	指标具体内容
土地利用结构与利用程度	包括土地利用率、土地农业利用率、土地生产率、垦殖指数、复种指数、有效灌溉率、林地指数、园地指数、土地非农业利用率等
土地管理政策措施	包括土地利用规划目标实现程度(耕地保有量水平、人均建设用地水平、土地利用结构优化程度、闲置土地利用水平、补充耕地数量等)、基本农田保护率、土地利用年度计划执行情况、违法用地面积和查处结案率等
土地利用经济社会效益	包括土地利用投入产出率、土地经济密度(净产值)、土地纯收入、万元产值占地、土地利用投资效果系数、土地利用投资回收期、人口密度、城市化水平、人均居住面积、交通运输条件等
土地环境和生产力	主要有气候(降雨、光温、湿度、风向与风速等)、植被(植被群落、森林覆盖率、草层高度与质量等)、能量产投比、光能利用率、环境质量达标程度(水质、空气、噪声等)、文物古迹与风景旅游资源、矿产资源分布等

3. 土地利用/土地覆被变化动态监测的步骤及方法

(1) 传统监测方法　我国土地利用动态监测的传统方法主要有实地调查法、统计报表制度法、专项定点监测法。实地调查法是在被调查现场，通过量测、查询、采访等，获得有关土地利用状况及动态变化的资料。它可分为全面调查和非全面调查两种，前者是对被调查对象范围内全部土地都进行的调查；后者可分为抽样调查、重点调查和典型调查。统计报表制度法是由国家或上级主管部门颁发统一的表格，由各级土地行政主管部门根据原始记录，按照规定的时间和程序，自下而上提供统计资料的一种调查方法。而专项定点监测法是为了详细而又准确地掌握土地质量变化情况，采用仪器对某区域土地质量的某个项目进行定点监测，如水土流失监测、土地沙化监测、土地盐碱化监测、土地污染监测等，再通过仪器监测取得实际数据，以便采取对策，改善土地利用状况（李轩宇等，2008）。

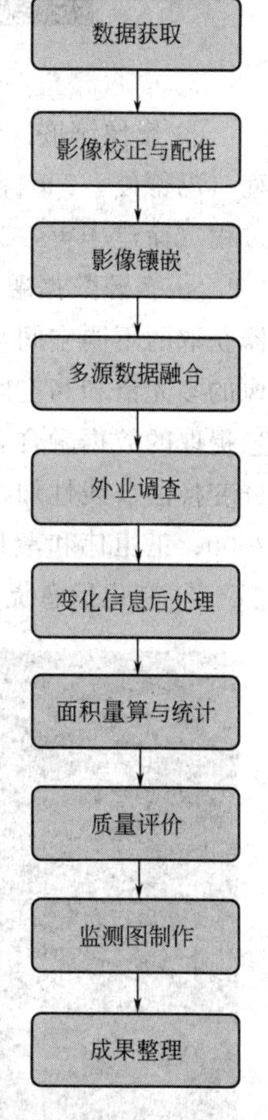

图 3-1　土地利用动态监测流程
(引自冯德俊，2004)

(2) 基于遥感的监测方法　在技术手段上，我国土地利用遥感动态监测经历了从航片调查到 TM 资料为主，再到利用多源、多分辨率卫星影像与野外核查、辅助数据复合相结合的过程。常用辅助数据如热量指标、水热指数、高程、坡度、坡向、最大可能蒸散量、湿润度、植被指数等（潘耀忠等，2000；Pan 等，2003）。土地利用遥感动态监测主要流程见图 3-1。

① 数据获取。在特定的研究区域内，购买研究时段内不同时相、相应分辨率的卫星影像，主要包括 SPOT2 全色影像（吴玺等，2008）、TM 多光谱影像（图 3-2）(张京红等，2001；莫源富和周立新，2000；刘雪华和邱志，2011)、IRS 和 KOMPAST（杨清华等，2001)、MODIS (唐俊梅和张树文，2002)、SAR（崔书珍和周金国，2008；尤淑撑和刘顺喜，2011)、IKONOS（武俊喜等，2010）以及 QuickBird 等（图 3-3）(高龙华和程芳，2004；吴喜慧和李卫忠，2010)。而在全球和区域尺度上，美国的 EOS2MODIS 卫星所获得的数据已成为全球土地覆盖研究中的最新数据源（李晓兵等，2004)。

② 影像校正与配准。相对于地表目标，获得的遥感影像通常会存在

一定的几何变形，因此需要对这种差异进行几何校正（杜明义，1999）。遥感影像的校正可在地形图的基础上进行，分为系统误差校正和几何精校正两个步骤。系统误差校正过程一般由影像接收站完成，几何精校正由用户完成（冯德俊，2004），多采用物理模型校正（陈霄和何志勤，1997）、多项式校正等（杜明义，1999）。

图 3-2　金川湿地（TM 影像）

③ 影像镶嵌。影像镶嵌是指将两幅或多幅影像拼在一起，构成一幅整体影像的技术过程（冯德俊，2004；原峰和姜彤，2005），包括几何位置的镶嵌和灰度（或色彩）的镶嵌两过程（徐建华等，2003；朱述龙和钱曾波，2002）。

④ 多源数据融合。遥感影像融合是指将不同平台（卫星与机载）上的同一或不同传感器获取的不同空间与光谱分辨率图像按特定的算法进行处理，使产生的新影像同时具有原影像的多光谱和高空间分辨率特性，以实现不同的应用需求。根据目的不同，分为用于变化信息提取的数据融合和用于背景图制作的数据融合两种。其方法一般包括 IHS 变换法、主成分变换法、线性加权乘积法、加法、小波变换法、神经网络法、专家系统法等（贾永红等，2000；王祖伟和秦其明，2002）。

⑤ 变化信息提取。指通过遥感手段，对同一地区不同时期的两个影像的光谱信息进行分析、处理与比较，并结合目视判读解译，获取该时间段内土地利用的变化信息（冯德俊，2004）。

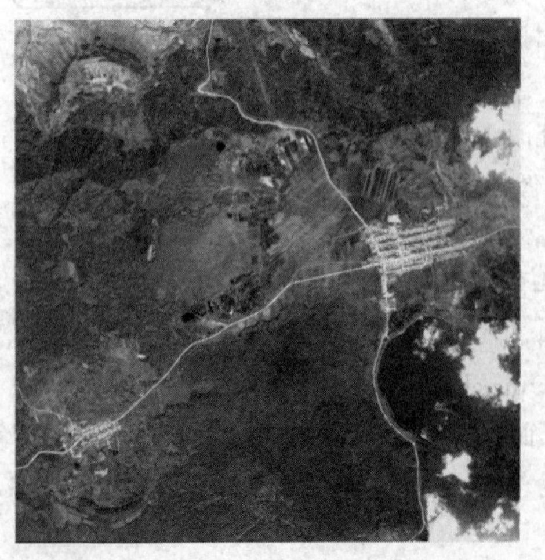

图 3-3　金川湿地（QuickBird）

⑥ 外业调查。外业调查的目的是通过外业调查确定变化图斑的真伪、类型、范围，保证遥感监测结果的可靠性。其任务包括：收集资料；实地逐个调查变化图斑，确定其变化情况；修正、补充有关界线；辅助开展土地变更调查、更新监测区土地利用图、补充监测遗漏图斑；核实光谱特征图斑。在野外调查时，根据任务侧重点不同，其调查内容有差异，如在野外时，可能侧重于以下某个方面或全部：监测小城镇建设、监测城市

规模扩展与土地利用总体规划执行情况、监测基本农田保护情况、辅助开展土地变更调查和更新土地利用图、复核土地变更调查等（冯德俊，2004）。

⑦ 变化信息后处理。是指根据外业调查成果，对变化信息、各种界线、注记等进行处理修正，确保内业、外业成果一致。

⑧ 面积量算与统计。将 PSD 文件中经过后处理得到的图斑由影像表示转变为详细准确的统计数字，以便进行后续数据分析，成果汇报。

⑨ 质量评价。目的是利用经过实地检核的土地变更调查图斑面积作为真值对遥感监测结果进行精度评价。评价内容包括单个图斑遥感监测的面积相对中误差；小图斑面积遗漏误差；遥感监测面积总和相对误差。

⑩ 监测图制作。将经过核查的图像成果按照有关制图规范制图。

⑪ 成果整理。在对成果进行分析的基础上，撰写相关报告，并对需要上交的图件、统计表格、文字说明进行整理，以电子文件或纸介质的方式上交。

基于遥感的新技术集成是现阶段以及以后的发展方向。它是指 RS、GIS、GPS 新技术在土地利用动态监测中的应用，主要有“3S”集成、RS 与 GIS 集成。“3S”集成是指 3S 技术的一体化，它可以准确、客观、及时、大范围地得到土地利用现状信息，为土地利用动态监测提供了更为快捷、准确的基础（刘涛等，2006；李秀花和郭凯，2011）。

参 考 文 献

[1] 曹月华，赵士洞．世界环境与生态系统监测和研究网络．北京：科学出版社，1997.

[2] 国家林业局．中华人民共和国林业行业标准：森林生态系统定位观测指标体系．

[3] 孙玉军．资源环境监测与评价．北京：高等教育出版社，2007.

[4] 韩天虎，孙斌，张贞明，冯今．甘肃草原资源与生态监测预警体系建设思考．草原与草坪，2009，133：73-81.

[5] 陈佐忠，汪诗平．草地生态系统观测方法．北京：中国环境科学出版社，2004.

[6] 陈伟民，黄祥飞，周万平．湖泊生态系统观测方法．北京：中国环境科学出版社，2005.

[7] 吕宪国．湿地生态系统观测方法．北京：中国环境科学出版社，2004.

[8] 李轩宇，周卫军，黄利红，郝金菊，邹容．基于 RS 的土地动态监测方法和应用．经济地理，2008，28（4）：671-673.

[9] 潘耀忠，李晓兵，何春阳．中国土地覆盖综合分类研究——基于 NOAA/AVHRR 和 Holdridge PE. 第四纪研究，2000，20（3）：270-281.

[10] Pan Y，Li X，Gong P，et al. An integrative classification of vegetation in China based on NOAA/AVHRR and vegetation-climate indices of the Holdridge life zone. International Journal of Remote Sensing，2003，24（5）：1009-1027.

[11] 李晓兵，陈云浩，喻锋．基于遥感数据的全球及区域土地覆盖制图——现状、战略和趋势．地球科学进展，2004，19（1）：71-80.

[12] 原峰，姜彤．荆江分洪区土地利用时空动态变化研究．长江流域资源与环境，2005，14（5）：649-654.

[13] 高龙华，程芳．基于 QuickBird 影像的滩涂资源监测研究．遥感技术与应用，2004，19（2）：95-97.

[14] 刘涛，岳彩荣，黄彬等．基于“3S”的小流域土地利用变化动态监测．林业调查规划，2006，31（2）：1-3.

[15] 李秀花，郭凯．新疆精河县近 20 年土地利用/覆被变化动态研究．干旱区资源与环境，2011，25（6）：88-91.

[16] 张京红，申双和，李秉柏．用 SPOT 图像进行土地利用调查和动态监测研究．南京气象学院学报，2001，24（1）：99-105.

[17] 莫源富，周立新．TM 数据在土地利用动态监测中的应用．国土资源遥感，2000，44（2）：13-17.

[18] 杨清华，齐建伟，孙永军．高分辨率卫星遥感数据在土地利用动态监测中的应用研究．国土资源遥感，2001，50（4）：20-27.

[19] 唐俊梅，张树文．基于 MODIS 数据的宏观土地利用/土地覆盖监测研究．遥感技术与应用，2002，17（2）：104-107.

[20] 尤淑撑，刘顺喜．面向土地利用类型识别的高分辨率 SAR 数据复合技术研究．遥感信息，2011，（1）：50-53.

[21] 崔书珍，周金国．SAR遥感技术在土地利用调查中的应用现状分析．地矿测绘，2008，24（3）：4-5.
[22] 武俊喜，程序，焦加国，肖红生，杨林章，王洪庆，张福锁，Ellis Erle C. 1940～2002年长江中下游平原乡村景观区域中土地利用覆被及其土壤有机碳储量变化．生态学报，2010，30（6）：1397-1411.
[23] 吴玺，王小燕，魏来，李章成，卿明福，任国业．采用中分辨率遥感影像提取土地利用变化信息．农业工程学报，2008，24（2）：85-88.
[24] 刘雪华，邱志．土地利用/覆被变化对小流域地表温度的影响．环境科学与技术，2011，34（3）：126-133.
[25] 吴喜慧，李卫忠．基于QuickBird遥感影像的土地利用变化及驱动力研究．西北林学院学报，2010，25（6）：216-221.
[26] 杜明义．遥感影像的位置校正算法．测绘工程，1999，8（3）：65-67.
[27] 陈霄，何志勤．CCD遥感影像几何校正的实时处理算法初探．中国空间科学技术，1997，（5）：46-53.
[28] 徐建华，方创琳，岳文泽．基于RS与GSI的区域景观镶嵌结构研究．生态学报，2003，23（2）：365-375.
[29] 朱述龙，钱曾波．遥感影像镶嵌时拼接缝的消除方法．遥感学报，2002，6（3）：183-187.
[30] 王祖伟，秦其明．多源遥感数据融合及在城市研究中的应用．测绘通报，2002：22-24.
[31] 贾永红，李德仁，孙家柄．多源遥感影像数据融合．遥感技术与应用，2000，15（1）：41-44.

思考题

1. 简述不同自然系统生态监测法的异同。
2. 简述遥感在生态监测上的应用。

第四章 生态监测计划的设计

第一节 生态监测计划设计中应该考虑的问题

一、生态监测计划的基本任务

生态监测的基本任务是对生态系统现状以及因人类活动所引起的重要生态问题进行动态监测；对破坏的生态系统在人类的治理过程中生态平衡恢复过程的监测；通过监测数据的集积，研究上述各种生态问题的变化规律及发展趋势，建立数学模型为预测预报和影响评价打下基础；支持国际上一些重要的生态研究及监测计划，如 GEMS（全球定位系统）、MA（人与生物圈）等，加入国际生态监测网络（李玉英等，2005）。

二、生态监测计划的内容

1. 生态环境中非生命成分的监测

包括对各种生态因子的监控和测试，既监测自然环境条件（如气候水文、地质等），又监测物理、化学指标的异常（如大气污染物、水体污染物、土壤污染物、噪声、热污染、放射性等）。这不仅包括了环境监测的监测内容，还包括了对自然环境重要条件的监测。

2. 生态环境中生命成分的监测

包括对生命系统的个体、种群、群落的组成、数量、动态的统计和监测，污染物在生物体中量的测试。

3. 生物与环境构成的系统的监测

包括对一定区域范围内生物与环境之间构成的系统的组合方式、镶嵌特征、动态变化和空间分布格局等的监测，相当于宏观生态监测。

4. 生物与环境相互作用及其发展规律的监测

包括对生态系统的结构、功能进行研究。既包括监测自然条件下（如自然保护区内）的生态系统结构、功能特征，也包括生态系统在受到干扰、污染或恢复、重建治理后的结构和功能的监测。

5. 社会经济系统的监测

人类在生态监测这个领域扮演着复杂的角色，它既是生态监测的执行者，又是生态监测的主要对象，人所构成的社会经济系统是生态监测的内容之一（李玉英等，2005）。

三、监测体系的完整性和代表性

1. 完整性

生态监测内容多学科交叉，涉及农、林、牧、渔、工等各个生产行业。由于生态系统的复杂性、多样性以及区域的差异性，尽管生态系统遥感的研究工作已涉及很多方面，却未能形成一系列统一的标准方法，因此，目前尚难以开展常规的生态监测与评价。制定生态监测的指标体系以及确定生态质量的评价方法对有效地开展生态遥感监测，规范生态监测技术方法，具有十分重要的意义。

2. 代表性

生态系统本身是一个庞大的复杂的动态系统，生态监测中要区分自然生态因素（如洪水、干旱和火灾）和人为干扰（污染物质的排放、资源的开发利用等），但区分这两种因素的作用十分困难，加之人类目前对生态过程的认识是逐步积累和深入的，这就使得生态监测不可能是一项简单的工作。因此，生态监测应选用具有代表性的项目进行重点监测。

四、监测样点的设置要求

在生态监测评价工作中，经常看到对土壤、植物、动物等采样点布设中存在着沿交通干线布点，沿河、沟谷布点，沿山梁布点，在村庄及城镇周围等交通方便区域布点等现象。采样点的选取原则应尽量涵盖系统中各生态因素的基本系统单元，并力争在整个监测区域内均匀分布，否则所获取的分析结果就难以充分反映客观实际。

就监测对象而言，无论是监测土壤、植物（包括农作物）、动物（包括畜、禽及野生动物）中的一项或是多项，或就监测目的而言，无论是仲裁监测、企业或是公共设施建设环境影响评价监测，或者是区域建设、流域治理生态评价监测，乃至煤炭、石油、森林、草原、土地等资源开发和建设目的各不相同的生态评价监测，其监测结果的差异主要是对监测结果的分析处理和文字资料形成目的和角度有所不同而已。但在监测初期，其目的都是为了使监测结果真实客观地反映监测区现状。因此，在样点设置前期，需要从实地社会调查和查阅历史、现状资料，对监测区的土壤、植物、动物、土地、气候、地貌、地质、水文及人类活动等生态因素进行综合分析，力争做到样点设置合理，结果准确可信。

五、生态监测报告的编写

在对监测数据进行处理与分析之后，要形成一份生态监测报告。报告内容应包括以下几项。

1. 编制说明

(1) 监测区域自然、社会环境概况　概括介绍监测区域自然环境、自然和社会经济条件、所管理的生态系统的特性和生态系统监测的目标，指明监测区域内存在的主要生态环境问题。

(2) 监测网络工作概况　编制说明部分需将本次监测所设置的监测样点和监测站具体位置以及数目介绍清楚，并说明整个监测网络覆盖的区域、监测方法、监测频次与时间、仪器设备等，这样便于其他科研工作者考证，也能为其他研究者提供参考依据。

2. 监测结果概要

(1) 自然概况　自然概况部分应并详细介绍与监测关系密切的自然条件，根据监测目的和对象而定。如进行草原生态监测分析评估时，需详细介绍热量条件、降水条件、日照条件。

(2) 生态环境评述　评述内容应根据监测区域的具体情况而定，选取主要的监测对象，此部分的评述内容可以包括土壤水分现状评述，区域水资源现状评述和植被高度、盖度、地上生物量监测评述，自然灾害评述等。评述时应指明该区域在此次监测之前是否进行过生态监测，如有应在评述时加入前次监测的结果，以便与此次结果进行对比，便于分析问题所在。

3. 对策措施

根据监测结果，提出合理化保护措施，以高效地解决环境问题；或者根据监测结果提出适用的生产建议，提高生产效率。

4. 主编审批

在生态监测报告最后一定要注明主编单位、编写成员单位及审批单位，以便接受审查及与其他研究者之间的交流、探讨。

第二节　环境污染的生态监测设计

一、环境污染生态监测的特点

20 世纪 70 年代，生态监测理论和方法极大丰富，使其在环境污染监测领域中占有极其特殊的地位，它具有物理和化学监测所不能替代的作用和所不具备的一些特点，主要表现在以下几个方面。

1. 能综合地反映环境质量状况

环境污染是各种污染因素本身及其相互作用的结果，理化监测往往无法全面地反映这些因素的综合作用。如在受污染的水体中，通常是多种污染物并存，而每种污染物并非都是各自单独起作用，各类污染物之间也不都是简单的加减关系。理化监测仪器常常反映不出这种复杂的关系，而生态监测却具有这种特征。例如在污染水体中利用网箱养鱼进行的野外生态监测，鱼类样本的各项生物学指标状况就是水体中各种污染物及其之间复杂关系综合作用的结果和反映。如生长速度的减缓，既与某些污染物对鱼类的直接作用有关，同时也有污染物对饵料生物影响所起到的间接作用（《环境生态学》，张合平）。

2. 具有连续监测的功能

理化监测方法对于环境污染的监测更加快速、精确，但是却不能以此为依据来确定污染对生态系统的真实影响。而生态监测具有这种优点，因为其利用的指示生物为当地生态系统的一部分，持续受到环境污染物的综合影响，其监测结果能反映出该地区受污染后累积结果的历史状况。例如用来监测大气污染的植物，如同不下岗的“哨兵”，真实地记录着污染危害的全过程和植物承受的累积量。事实证明，植物这种连续监测的结果远比非连续性的理化仪器监测的结果更准确。如利用仪器监测某地的 SO_2，其结果是四次痕量、四次未检出、仅一次为 0.06mg。但分析生长在该地的紫花苜蓿叶片，其含硫量却比对照区高出 0.87mg/g。有些生态监测结果还有助于对某地区环境污染历史状况的分析，这也是理化监测所办不到的（《环境生态学》，张合平）。

3. 具有多功能性

理化监测仪器具有高度专一性，测定 O_3 的仪器不能兼测 SO_2，测 SO_2 的也不能兼测 C_2H_4。而生态监测却具有反映多种污染物状况的特点，可以监测多种干扰效应。例如地衣不仅能监测大气中的 SO_2，而且也能监测氟化氢、氯等有毒气体，空气中极少量的有毒物质就能影响它的生长甚至引起死亡；在污染水体中，通过对鱼类种群的分析就可获得某污染物在鱼体内的生物积累速度以及沿食物链产生的生物学放大情况等许多信息。植物受 SO_2、PAN（过氧乙酰硝酸酯）和氟化物的危害后，叶的组织结构和色泽常表现出不同的受害症状。

4. 监测灵敏度高

生态监测灵敏度高包含着两种含义。从物种的水平上说，是指有些生物对某种污染物的反应很敏感。如唐昌蒲，在 0.01×10^{-6} 的氟化氢下，20h 就出现反应症状。据记载，有的敏感植物能监测到十亿分之一浓度的氟化物污染，而现在许多仪器也未达到这样的灵敏度水平；另外，对于宏观系统的变化，生态监测更能真实和全面地反应外干扰的生态效应所引起的环境变化。许多外干扰对生态系统的影响都因系统的功能整体性而产生连锁反应。如大气污染可影响植物的初级生产力，采用理化的方法可对此予以定量分析。然而，初级生产力变化使系统内一系列生态关系的改变才是大气污染影响的全部效应，也是干扰后该系统真实的环境质量状况。生态系统的各组分对系统功能变化的反应也是很敏感的。因此，只有通过生态监测才能对宏观系统的复杂变化予以客观的反映（《环境生态学》，张合平）。

5. 经济方便

生态监测方法与理化检测方法相比，价格低廉，无须购置昂贵仪器。从整体上看，生态监测在环境污染监测方面具有诸多优点，但仍有许多问题无法解决，存在一些缺陷（《环境生态学》，张合平）。

① 生态监测无法像理化仪器那样迅速做出反映，在较短时间内获得监测结果，也不能精确监测出环境污染物的含量。

② 生态监测容易受到外界各种因素的影响，而理化监测方法则更加准确。如利用斑豆（*Phaseolus vulgaris L.*）监测 O_3，其致伤率与光照强度密切相关。SO_2 对植物的危害受气象条件影响很大等。

③ 生物监测所采用的指示生物容易受到自身发育阶段和生理条件的制约，导致其敏感性、准确性等降低，影响监测结果。如水稻在抽穗、扬花、灌浆时期对污染反应最敏感、危害最大，而成熟期的敏感性就明显降低。

④ 指示生物可能会对不同污染物做出同样的适应性反映，影响实验结果的辨别。如许多植物的落叶、矮态、卷转、僵直和扭曲等，大气氟化物的污染和低浓度除草剂的施用均可造成上述异常现象。SO_2 对植物的伤害往往与霜冻或无机盐缺乏的症状也很相似。

二、生态监测的不足

从整体上看，生态监测在方法上仍有许多问题亟待解决，也还有一些缺陷，其主要表现是：

① 外界各种因子容易影响生态监测结果和生物监测性能。如利用斑豆监测 O_3，其致伤率与光照强度密切相关；SO_2 对植物的危害受气象条件影响很大等。

② 生物生长发育、生理代谢状况等都制约着外干扰的作用，相同强度的同种干扰对处于不同状态的生物常产生不同的生态效应。如水稻在抽穗、扬花、灌浆时期对污染反应最敏感、危害最大，而成熟期的敏感性就明显降低。

③ 指示生物同一受害症状可由多种因素造成，增加了对监测结果判别的困难。如许多植物落叶、矮态、卷转、僵直和扭曲等，大气氟化物的污染和低浓度除草剂的施用均可造成上述异常现象。SO_2 对植物的伤害往往与霜冻或无机盐缺乏的症状也很相似。

三、环境污染生态监测的设计

环境污染生态监测的设计，最主要的是生态监测指标体系和监测具体技术方案的设计，指标体系设计的优劣直接关系到生态监测本身能否揭示生态环境质量的现状、变化和趋势，而监测具体技术方法设计则决定着监测数据的代表性和准确性。

1. 生态监测指标体系的设计

生态监测指标的选择首先要考虑生态类型及系统的完整性，一般说来，陆地生态站（农田生态系统、森林生态系统和草原生态系统等）指标体系分为气象、水文、土壤、植物、动物和微生物六个要素；水文生态站（淡水生态系统和海洋生态系统）指标体系分为水文、气象、水质、底质、浮游植物、浮游动物、游泳动物、底栖生物和微生物八个要素。除上述自然指标外，指标体系的选择要根据生态站各自的特点、生态系统类型及生态干扰方式，同时兼顾以下三方面，即人为指标（人文景观、人文因素等）、一般监测指标（常规生态监测指标、重点生态监测指标等）和应急监测指标（包括自然和人为因素造成的突发性生态问题）。

生态监测指标体系的选择与确定是进行生态监测的前提（马天等，2003）。生态监测指标体系系统庞大，在筛选监测指标时应考虑到所选指标的科学性、实用性、代表性、可行性尤为重要。因此，选择与确定生态监测指标体系应遵循以下原则。

① 代表性。确定的指标体系应能反映生态系统的主要特征、表征主要的生态环境问题。

② 敏感性。要确定那些对特定环境敏感的生态因子，并以结构和功能指标为主，以此反映生态过程的变化。

③ 综合性。要真实反映生态环境问题，需要多种指标体系，要求能够反映环境保护的整体性和综合性特征。

④ 可行性。指标体系的确定要因地制宜，同时要便于操作，并尽量和生态环境考核指标挂钩。

2. 生态监测技术方法的设计

生态监测技术方法是对生态系统中的指标进行具体测量和判断，从而获得生态系统中某一指标的特征数据，通过统计分析，以反映该指标的现状及变化趋势。

在选择生态监测具体技术方法前，要根据现有条件，结合实际制定相应的技术路线，设计最佳监测方案。技术路线和方案的制定大体包含以下几点：生态问题的提出，生态监测台站的选址，监测的内容、方法及设备，生态系统要素及监测指标的确定，监测场地、监测频度及周期描述，数据的整理（观测数据、实验分析数据、统计数据、文字数据、图形及图像数据），建立数据库，信息或数据输出，信息的利用（编制生态监测项目报表，针对提出的生态问题建立模型、预测预报、评价和规划、政策规定）(马天等，2003)。

(1) 生态问题的提出　生态平衡是动态的平衡，一旦受到自然和人为因素干扰，超过了生态系统自我调节能力而不能回复到原来比较稳定的状态时，则出现了生态问题。生态问题的产生会导致多个子系统的平衡被破坏，因此，在进行环境污染的生态监测时，我们要注意监测的整体性的局部性。

(2) 生态监测台站的选址　以3S技术为依托，以污染地区的航空遥感相片、地形图及相关专题图等资料为基础，结合野外踏查加以补充和修正，分析污染地区的自然概况，并根据当地的社会人文概况对生态监测台站进行具体的选址。在选址时应注意监测对象不同，台站选址的原则有所不同。

(3) 监测的内容、方法及设备　监测的内容主要包括生态环境中非生命成分、生命成分、生物与环境构成的系统、生物与环境相互作用及其发展规律、社会经济系统等，在确定具体的生态监测技术方法时要遵循一个原则，即尽量采用国家标准方法，若无国家标准或相关的操作规范，尽量采用该学科较权威或大家公认的方法。一些特殊指标可按目前生态站常用的监测方法。

生态监测设备的选择则与监测对象及具体的监测指标直接相关，在进行设备选择时，应充分考虑设备的精密性与便携性，并在使用前对监测仪器进行检定、校准或核查。

(4) 生态系统要素及监测指标的确定　根据科学性、实用性、代表性、可行性四个筛选原则，选择最适监测指标体系，获得最准确的数据，对整体的生态环境质量做出评价，并预测其发展趋势。

(5) 监测场地、监测频度及周期描述　在进行监测场地设置时，应该从监测目的出发，进行现场踏查和社会调查，查阅参考有关资料，认识、分析主要因素，掌握各因素之间的相互关系，从而进行场地布设，应使每个场地都能占有和代表一定部位的各生态因素的一定因子，以最小的工作量、最少的点位来进行监测，以最大限度地反映客观实际。根据监测目的、性质和内容，确定监测频度与时间，由于生态过程的缓慢性，生态监测的时间跨度也很大，所以通常采取周期性的间断监测。

(6) 数据的整理　在进行数据整理时，应该注意以下问题。

① 现场收集数据，应逐日、逐周地对所收集的数据做核对，以求整理真实且具有代表性的数据。

② 数据整理改善前、后所具备的条件要一致，如此所做的数据整理和比较才有意义。

③ 异常发生要采取措施，一定要以整理后之数据为研究依据。

④ 使用经别人发表的数据应在使用之前查明内容互异之处再定取舍。

(7) 建立数据库、信息的输出及利用　将监测数据整理统计，建立数据库，形成全国乃至全球领域的监测网络，实现信息的有效输出，实现数据共享。目前有不少参数已在测定，如气候因子、水文参数、土壤状况、植物生长、人体健康等，是由气象、地质、水利、农业、医疗、卫生防疫等部门测定的，再重复进行测定是没有必要和不经济的，可以直接利用这些部门的数据，从而提高效率、减少投资（南浩林等，2006）。通过监测数据的积累，研究生态问题发生的原因，揭示生态问题发生发展的规律，并以此为依据对未来的发展趋势做出判断，建立数学模型，为预测预报和影响评价打下基础，为更深层次的环境管理和决策部门服务，提出生态环境规划、生态设计方案。

第三节　生态系统管理的生态监测设计

一、生态系统管理监测的特点

生态系统管理监测具有监测周期长、监测对象和方法多样性及难度大等技术特点。生态系统的变化是一个渐进的过程，生态系统平衡的破坏和恢复在时间上具有一定的惯性，时间上具有的延续性决定了生态系统管理监测周期长的特点。一次或短期的监测或调查结果不能对生态系统的变化趋势做出全面准确的判断，只有通过长期的监测和科学比对，才能准确反映生态系统的质量。同时，生态系统管理监测不仅在宏观上包括各类生态系统，微观上还包括了多种要素，监测对象非常广泛，监测指标体系和手段也没有相应的标准，因而对监测工作人员的专业技能要求也较高，需要多专业人员共同协作完成（贾良清等，2004）。

二、生态系统管理监测的设计

1. 强调生态系统管理的思想和理念

在进行生态系统管理监测设计时，一定要充分体现生态系统管理的思想和理念，重视生态学原理在实践中的应用。解决生态系统中某一问题时，必须从整个生态系统等级序列中寻找联系及解决办法；保持生态系统完整性，维持生态系统的格局和过程，保护生物多样性（林群等，2008）。

2. 范围界定

监测管理范围的界定是生态系统管理的第一步，旨在确定管理对象内容和物理边界。基于登记理论，在研究复杂系统时，一般至少需要同时考虑 3 个相邻层次，即核心层、上一层和下一层，只有如此，方能较为全面地了解、认识和预测所研究的对象（邬建国，2001）。

3. 收集生态系统的基础数据、辨识问题

在对生态系统进行管理监测时首先必须搜集数据，这是开展工作的基础。由于生态系统的复杂性和层次性，在搜集数据时要特别注意不同层次和尺度，如个体-种群、群落-生态系统以及景观、生物圈等。通过对基础数据中管理区域范围内历史背景、社会经济情况和气候、土壤、植被等自然概况进行分析，特别是对监测管理区域的生态系统状况、发展过程和趋势进行综合分析，辨识出存在的问题（张慧和张学民，2008）。

4. 确定目标

在对基础数据进行收集和分析后，应该及时确定明确的管理和监测目标，根据科学性、实用性、代表性、可行性四个筛选原则，选择适合的监测指标体系。不同的生态系统因其生态功能类型、环境条件、时空尺度大小不同及人类对生态系统的干预能力和利用目的的不同，生态系统的管理监测目标及强度有很大的不同（于贵端，2001）。

5. 制定政策方案

政策方案是为实现目标所采取的各种对策、具体措施和主要步骤。生态系统管理监测的政策方案的制定要以区域的自然和社会经济条件、所管理的森林生态系统的特性和生态系统管理的目标为依托。方案产生的过程是在对外部环境的研究、内部规律的认识和发现存在问题的基础上，对所要达到目标和解决存在的问题而提出的各种措施进行集中、整理、归类，形成多种不同的初步方案。方案制订要能有所选择，由于对生态系统外部环境的认识和内部规律的掌握以及生态系统未来的演替和发展方向存在着许多不确定性，因此对管理监测方案的制定要遵循满意原则，而非最优原则（张慧和张学民，2008）。

(1) 制定风险评价、长期监测和反馈机制　由于部分人们意识和知识的不完善以及生态系统自身的复杂性，人们在进行生态系统管理监测时，需要面对很多不确定的因素，因此在进行管理监测之前必须进行风险评价，并制定长期监测计划，在管理和监测过程中发现问题及时反馈，适时调整方案，力求优势最大化。

(2) 适应性调整　适应性管理包括连续的计划、监测、评价和调节等一系列行动，通过循环监测、改进知识基础，帮助完善计划，必要时通过调节实践以实现管理的目标（董乃钧等，2004）。

(3) 鼓励公众和社会广泛参与　制定政策时征求公众和社会的意见，往往能够兼顾多方利益，得到公众支持，在执行方案时会减少阻力，得到有力支持，且能够完善政策措施，避免出现纰漏。

6. 组织实施

(1) 成立专业组织来监测和管理　进行生态系统监测和管理的人员或组织必须具有专业资质，这样能够保证监测数据的完善性和准确性，使得到的数据对未来的工作起到反馈和指导的作用。

(2) 培训和作业控制　组织实施的基本要求是对方案全面而均衡地执行（张慧和杨学民，2008）。对方案全面执行，要求每一个实施人员都对方案有深刻的了解，因此须对实施人员进行前期培训。为保证高质量的效果，需要对监测方法、仪器操作、数据记录制定书面程序，规定如何实施每项重要活动，保证监测结果的一致性和可靠性。

7. 监测评价与反馈

对监测所得数据进行分析整理后对监测的生态系统做出评价，可以从生态结构、生态功能和生态效益三个方面做出客观评价，并及时反馈评价结果，对方案做出调整。

第四节　生态监测指标体系

一、生态监测指标体系构成

地球上的生态系统，从宏观角度可划分为陆地、海洋两大生态系统。

(1) 陆地生态系统　包括森林生态系统，草原生态系统，湿地生态系统，河流、湖泊等淡水生态系统，农业生态系统，荒漠生态系统以及城市生态系统等，因此监测指标体系可分为八个部分，即气象要素、水文要素、土壤要素、植物要素、动物要素、微生物要素、地质要素、人类活动要素等。河流、湖泊、水库生态系统监测要素可参照海洋生态系统监测要素，在流行病疫区，如肺吸虫、肝吸虫、血吸虫等疫区在相应指标中可增加对宿主、中间宿主、保虫宿主的监测内容 。

（2）海洋生态系统　包括海洋和咸水湖泊两种类型。因此建议海洋生态系统监测指标体系分为十个部分，即水文气象要素、水质要素、底质要素、浮游植物要素、浮游动物要素、底栖生物要素、微生物要素、地质要素、人类活动要素等。

二、各项生态监测要素指标内容的选择

生态监测指标体系系统庞大，为了更确切地评价不同生态系统的功能作用，须在筛选监测指标时考虑到所选指标的科学性、实用性、代表性和可行性，依据以上几个选择原则，提出如下供选择主要监测要素指标，对于特殊的生态系统具体应用时还可增加相应要素指标内容。

1. 气象

气温、湿度、主导风向、风速、年降水量及其时空分布、蒸发量、土壤温度梯度、有效积温、大气干湿沉降物的量及化学组成、大气中 CO_2 浓度及动态，大气中有毒气体浓度及动态、日照和辐射强度等。

2. 水文

地面水化学组成、地下水水位及化学组成、地表径流量、侵蚀模数、水温、水深、水色、透明度、气味、pH 值、油类、重金属、氨氮、亚硝酸盐、酚、氰化物、硫化物以及农药、除莠剂、COD、BOD、异味等。

3. 土壤

土壤类别、土种、大量营养元素含量、速效氮磷钾含量、微量元素含量、pH 值、有机质含量、土壤交换当量、土壤团粒构成、孔隙度、容重、透水率、持水量、土壤元素背景值、土壤微生物、总盐分含量及主要离子组成含量、土壤农药、重金属及其他有毒物质的积累量等。

4. 植物

植物群落及高等植物、低等植物种类、数量、种群密度、指示植物、指示群落、覆盖度、生物量、生长量、光能利用率、珍稀植物及其分布特征以及植物体、果实或种子中农药、重金属、亚硝酸盐等有毒物质的含量、作物灰分、粗蛋白、粗脂肪、粗纤维等。

5. 动物

动物种类、种群密度、数量、生活习性、食物链消长情况、珍稀野生动物的数量及动态、动物体内农药、重金属、亚硝酸盐等有毒物质富集量。

6. 微生物

微生物种群数量、分布及其密度和季节动态变化、生物量、热值、土壤酶类与活性、呼吸强度、固氮及其固氮量、致病细菌和大肠杆菌的总数。

7. 底质要素指标

有机质、总氮、总磷、pH 值、重金属、氰化物、总汞、甲基汞、硫化物、COD、BOD 等。

8. 浮游动物

浮游动物种群数量、分布及变化动态，重金属及有毒物质在动物体中富集量。

9. 底栖生物

动物种群构成及数量，优势种及动态，重金属及有毒物质富集量。

10. 游泳动物

生物种群与数量、洄游规律、食物链、生殖生态、年龄与丰富度、捕获量和生物生产量、珍稀动物种类数量、重金属富集情况。

11. 地质

火山活动、地震活动、放射性辐射强度、岩石构造等。

12. 人类活动

人口密度、资源开发强度、生产力水平、退化土地治理率、基本农田保存率、水资源利用率、采矿废弃地治理率、无公害肥料农药使用比例、有机物质有效利用率、畜禽粪便处理率，受保护的森林、草原、湿地、农田、水体面积，受保护的野生动植物种类与数量、城镇人均绿地面积、城镇人均住房面积、工农业生产污染排放强度、保护生态平衡能力及战争等（付运芝等，2002）。

参 考 文 献

[1] 李玉英，余晓丽，施建伟．生态监测及其发展趋势．水利渔业，2005，25（4）：62-64.

[2] 张合平，刘云国．环境生态学．北京：中国林业出版社，2002.

[3] 马天，王玉杰，郝电，关胜，但德忠，王斌．生态监测及其在我国的发展．四川环境，2003，22（2）：19-24.

[4] 南浩林，景宏伟，丁宁，张耀．生态监测及其在我国的应用．林业调查规划，2006，31（4）：35-39.

[5] 贾良清，欧阳志云．区域生态监测的概念、方法与应用．城市环境与城市生态，2004：7-9.

[6] 林群，张守攻，江泽平．国外森林生态系统管理模式的经验与启示．世界林业研究．2008.10（5）：1-6.

[7] 邬建国．景观生态学——格局、过程、尺度与等级．北京：高等教育出版社，2001：1-258.

[8] 张慧，杨学民．森林生态系统管理的主体与基本步骤．江苏教育学院学报，2008，25（3）.

[9] 于贵端．生态系统管理学的概念框架及生态学基础．应用生态学报，2001，12（5）：787-794.

[10] 董乃钧，郑小贤，邓华峰．关于森林生态系统经营的几个问题．绿色中国，2004（4）：16-17.

[11] 付运芝，井元山，范淑梅．生态监测指标体系的探讨．辽宁城乡环境科技，2002，4（2）：27-29.

思 考 题

1. 简述生态监测设计方案制定的步骤。
2. 简述生态监测指标体系的构建。

生态评价基础

第一节　生态评价概述

一、生态评价定义及意义

生态环境具有重要功能，不仅为人类提供生产和生活资料，还提供巨大的生态服务功能。生态评价是对生态环境及其功能进行定性描述和定量判断，是人类深刻认识生态环境及功能的一种技术手段。传统的生态评价是环境影响评价的重要组成部分，一般分为生态环境质量评价和生态环境影响评价。

生态环境质量评价是根据选定的指标体系，运用综合评价的方法评定某区域生态环境优劣，作为环境现状评价和环境影响评价的参考标准，或为环境规划和环境建设提供基本依据，生态环境质量评价还可用于资源评价中。

生态环境影响评价是对人类开发建设活动可能导致的生态环境影响进行分析与预测，并提出减少影响或改善生态环境的策略和措施。

目前，随着生态环境问题的日益严重，人类对生态系统及其功能的理解更加深入，生态评价更侧重于对生态系统结构与功能方面的评价，下面的定义可能更准确地反映生态评价的内涵。

生态评价是指利用生态学的原理和系统论的方法，对自然生态系统许多重要功能的系统评价。这些功能包括：①生产功能，自然环境为人类社会提供原材料和能量的能力。②载体功能，自然环境为人类活动提供空间和适宜基质的能力。③调节功能，自然生态系统具有调节和维持一定的生态过程和生态支持系统的能力。④信息功能，自然环境为人类提供认识发展和再创造的机会的能力。

例如，通过湿地生态评价，认识到湿地生态系统在涵养水源、调蓄洪水、净化水质、调节气候、生物生产、生物多样性保护等方面具有重大价值。在没有生态评价的历史时期，人类对湿地的生态环境功能和价值认识不足，只看到了湿地的直接利用价值（如湿地资源产品），或者只认识到湿地给人们生产生活带来的负面影响，认为湿地只是充满泥浆的沼泽和疾病（疟疾和血吸虫）的藏身之地，这种认识直接或间接导致了世界范围内大量湿地的退化和消失，仅存的天然湿地已占很小比例，如美国不足一半，中国不足30%，而东欧只有10%左右。通过湿地生态评价，可以科学核算湿地的生态价值，这是保护和利用湿地的起点，是优化湿地资源配置的前提条件，可以为各级决策者在湿地规划、开发利用以及湿地资源的合理定价、有效补偿等方面提供科学依据。因此，生态评价具有重要的科学意义和现实意义。

随着生态学的原理和方法对城市和区域研究领域的渗透，广义的生态评价可理解为复合生态系统中各子系统（即自然或环境子系统、社会子系统、经济子系统）执行整个系统功能状况的评定。按照这种观点，城市生态评价是以城市生态系统为评价对象，以城市的结构和功能特征为依托，以生态学思想为指导，对城市生态系统中各生态要素（或细目）的相互作用以及各子系统的协调程度所进行的综合评价。

生态评价是在城市环境规划、决策制定过程中开展起来的，并逐渐显示出重要的作用。目前，对生态评价定量化的研究一般集中于以下三个层次。

① 影响生态系统良性发展的主导因子的辨识及其作用大小的判定。

② 土地适宜性评价或组成生态系统的各子系统协调程度的分析。

③ 从时空尺度对某一个或不同生态系统的稳定性、承载力、不可逆性等进行系统的比较评价。

二、生态评价与生态监测的关系

生态评价是一个综合分析生态环境和开发建设活动特点以及二者相互作用的过程，并依据国家的政策和法规提出对受影响生态环境行使有效保护的途径和措施；依据生态学和生态环境保护基本原理进行生态系统的恢复和重建的设计。生态评价建立在生态监测的基础上，生态监测数据是开展生态评价的依据，生态监测的规范性和标准性也就决定了生态评价的准确性。因此，建立一套规范的生态监测技术体系，是认识生态环境及其功能、正确评价其生态价值并做出准确决策和采取恰当措施的根本。

三、生态评价的基本原则

在进行生态评价时，应遵循下述基本原则。

1. 生态学原则

生态评价应建立在生态学基本原理的基础上，遵循生态学规律，反映生态环境客观实际和按生态环境固有特点采取相应的对策措施。

(1) 层次性　生态系统从微观到宏观具有不同的组织层次，而环境影响也发生在不同的层次水平上，使得生态评价须根据需要确定评价的层次和相应的内容。有的评价需在景观生态层次上进行全面评价，有的则只评价组成生态系统的某些因子，如土壤水分、温度或其生物因子，有的则是全面评价和重点因子评价两者兼而有之。这一原则在确定评价等级时将得到充分的体现。

(2) 生态完整性　生态系统的完整性是从“生命系统与非生命系统的完整”角度来考虑的，包括三个层次：一是组成系统的成分是否完整，即系统是否具有土著的全部物种；二是系统的组织结构是否完整；三是系统的功能是否健康。前两个层次是对系统组成完整的要求，后一个层次则是对系统成分间的作用和过程完整的要求。生态环境保护的核心就是这个完整性，因此，在生态评价时应注意保护生态系统的完整性。

(3) 区域性　生态评价的区域性特点表现于：评价目的不是主要为工程设计和建设单位服务，而是主要明确开发建设者的环境责任，为区域的长远发展利益服务；评价范围不局限于开发建设活动发生区和直接影响，而是包括生态影响相关联的地区和间接影响；采取的环保措施也不一定局限在人类活动或工程直接所在地或影响区，而应从区域生态环境功能需求出发，在最有效的地区实施。

(4) 生物多样性保护优先性　生物多样性为人类提供巨大的服务功能，是人类生存的基础。在生态评价过程中，必须树立保护第一的思想，特别是自然保护区，是今人留给后代为数不多的财富，应特别强调保护，任何出于利益和经济考虑的开发利用，都可能使之受到破坏。开发建设活动的生物多样性保护是一件十分复杂的事情，需要在环评中尽可能搞得精细、明确。

(5) 注意珍贵性生境或资源的保护　珍贵是相对的，对于一个小山村，其赖以取水的山泉就十分珍贵，对于一座拥挤的城市，一小片公园或绿地就是特别珍贵的，在各类生态脆弱带地区，则必须依据具体情况保护最珍贵的资源或生态支持系统。

2. 可持续性原则

可持续性是当今人类社会经济发展的主题，生态评价过程中也必须遵循可持续性原则，尤其是自然资源的可持续利用性。即在生态评价过程中，首先注意保护资源，特别是保护那些关系到基本生存的资源。应当运用科学的观点、超前的观念和可持续发展的观念对待各类资源。

3. 针对性原则

因不同开发建设活动的内容、规模、影响强度不一样，不同区域的环境特点也存在差异，决定了生态评价必须遵循针对性原则。

(1) 针对开发建设活动特点　开发建设活动对生态环境的影响主要有：以占地为核心内容的物理性影响，以污染为主的化学性影响，以生态失衡为主要后果的生态影响。由于各种开发建设活动的性质、内容、规模不同，其影响方式、影响时间、影响范围、影响程度、性质等也不尽相同，因此，在评价中必须逐一分析。

(2) 针对环境特点　中国的环境类型多、问题多、地域性强，再加上经济、社会、文化差异和长期淀积，造成很多特别的敏感保护目标，任何一项开发建设活动的环评都必须充分注意这种特殊性、差异性，所采取的保护措施和实施地点、实施方式也会因之而有很大不同。

要使生态评价具有针对性，详细的现场调查和实地勘测是必不可少的。航片、卫片信息和文献资料调查都不能代替现场调查与实地勘测。而且，由于生态环境组成、运行和功能的复杂性，现场调查与踏勘必须由多学科的专业人员参与，以获得正确的信息。

4. 政策性原则

生态评价与其他环境影响评价一样，也是贯彻实行国家环保政策的具体行动之一。因此，在评价中贯彻国家环境保护的政策，依法进行生态环境管理，是生态评价的基本原则之一。

开发建设活动对生态环境的影响具有突然性和冲击性特点，事前的周密规划、设计和事中的强化管理是减少损失和破坏的先决条件。因此，在开发建设活动的生态评价中必须采取

"预防为主"的对策和措施，不仅包括在工程措施、管理措施等方面的努力，还要在替代方案上下工夫。

《中国21世纪议程》指出：中国可持续发展建立在资源的可持续利用和良好的生态环境基础上，国家保护整个生命支撑系统和生态系统的完整性，保护生物多样性；解决水土流失和荒漠化等重大生态环境问题；保护自然资源，保护资源的可持续供给能力，避免侵害脆弱的生态系统……并规定：为了确保有限自然资源能够满足经济可持续高速发展的要求，中国必须执行"保护资源，节约和合理利用资源"、"开发利用与保护增殖并重"的方针和"谁开发谁保护、谁破坏谁恢复、谁利用谁补偿"的政策。

5. 协调性原则

生态评价的最重要目的之一就是要促进环境与社会经济的协调发展，保证环保措施得以实施，提高环评可行性，主要包括以下两方面。

(1) 环境保护与社会经济关系的协调 现实中，环境保护与社会经济发展之间常常存在各种矛盾冲突，环境评价需要协调这种矛盾和冲突，使短期利益与长期利益、局部利益和整体利益取得一定程度的调和与妥协。因生态环境与可再生资源是人类生存的基础，在生态评价中，更应注重保护长远利益和整体利益，同时兼顾短期和局部利益。

(2) 区域开发与项目建设关系的协调 任何生态评价都具有区域性，要提高生态评价的有效性，必须从区域的角度出发，处理好区域评价与建设项目评价的关系，以区域环境的整体保护为原则进行评价的设计与工作。

四、生态评价的提出与发展

1. 我国生态评价的提出与发展

在我国，自然生态因子评价思想有着悠久的历史渊源。传统文化蕴含的与自然和谐的生态节制思想、"天人合一"、"象土尝水、象天法地"等系统整体辨识方法，形成指导我国古代城市建设、发展以及农业生产的思想基础和技术方法。作为生态环境重要因素的土地资源在夏禹时期（公元前2100多年）已作为财产进行调查统计。据《禹贡篇》记载，当时全国疆土划为九州，曾按各州的土色、质地和水分将土地评为3等9级，依其肥力制定贡赋等级。如白壤、涂泥、海滨斥卤均分布在地势低平、水源充足、灌溉便利之处，所以赋额亦高。而青黎、黑境因分布在水利尚未开发或地势较高、水源不足、灌溉不便之地，种植业不发达，所以赋额亦低。这是我国有记载的最早的土地因子评价工作。

到了战国时，《管子·地员篇》系统总结了劳动人民评价土地资源的经验。按土色、质地、结构、孔隙、有机质、盐碱等肥力因素，并结合地形、水文等条件，对土地进行分等定级，将九州土地分为18类，每类地又分为5物（品色），共90物。根据土地对农林生产的适宜度，将18类土地分为上土、中土、下土3等，形成3等18类90物的土地评价系统。同时指出每一种土壤适宜种植的谷类，这可能是世界上最早为合理利用土地而进行的土地评价工作。

在此后历代都有土地资源评价工作，但这些工作大都由行政部门负责。《禹贡篇》和《管子·地员篇》中的精辟的土地评价思想没有得到应有的发展。到了新中国成立后，土地评价工作在科学研究领域重新得到发展。1950年全国为了确定农业税，开展了对土地自然条件的评定工作。土地自然条件包括土质、水利、地势（高、洼、平坦）、气候（温度、雨量）风向、阳光等方面。传承数千年的从农业角度进行综合性的生态因子（土地资源）评价，为以后的各类生态系统类型的生态评价奠定了基础。

我国现代生态评价理论研究的真正起步是在20世纪80年代，自然资源评价研究重心已开始从为大农业服务的土地资源评价转移至非农业用地评价，最先是以城市土地适宜性评价起步。同一时期，国内的相关学者、学会也开始展开研究，1984年生态学者马世骏和王如松提出“社会-经济-自然复合生态系统”理论。北京市环保所于1983～1885年进行了“应用可能-满意度模型评价：东城分区的城市生态现状和规划研究”。冯向东1989年探讨了城市规划中的生态学观点和城市生态规划问题，并指出城市生态规划是城市总体规划的主要内容，是指导城市生态建设的蓝图。1992年，杨邦杰发表《城市生态调控的决策支持系统》，吴人坚等发表《生态城市建设的原理和途径》，城市规划学者黄光宇教授等结合规划实践从生态经济学、生态社会学、城市生态学、城市规划学、地理空间的角度阐述了生态城市的含义，同时还提出了涵盖以上内容的生态城市十项创建标准。同时对生态评价、生态规划与设计等做出了许多重大的研究成果。

2. 国外相关研究及进展

虽然国际上正式提出生态评价的时间不长，但其学术思想却有着悠久的历史渊源。古希腊哲学家柏拉图提出过“理想国”的设想，古罗马建筑师维特鲁威在《建筑十书》总结了古希腊、伊达拉利亚和古罗马城市的建筑经验，对城市选址、城市形态与布局等提出了精辟的见解，同时把对健康生活的考虑融汇到对自然条件的选择与建筑物的设计中。在19世纪，一些先驱开始思考如何保护大自然和充分利用土地资源的问题，这种思想对生态评价产生了重要影响。美国人马尔什（G. P. March）从认真的观察和研究中看到了人与自然之间的相互依存关系，主张人与自然要正确地合作，他从自然因子的角度分析了自然系统经受干扰和如由“地质灾变”引起的重大破坏下的恢复能力，警告人们“人类活动方式能干扰有机和无机世界的自然配置”，以及由此引起自然界的不稳定性与不可逆变化。他的理论在美国得到重视，掀起了以 Joho Muir 和 J. J. Audubon 为首的保育运动。其中奥姆斯特勒（F. L. O. Imsted）在保护自然、建设公园系统的实践中做出重要贡献，如纽约中央公园、波士顿都市区公园系统等。20世纪20年代，正是西方工业化快速发展时期，在大量开采自然资源而导致城市生活质量大大下降和资源耗竭等现象日渐严重的情况下，兴起区域主义学说，呼吁人与环境和谐发展。30年代罗斯福总统任职时期，其主要的公共政策之一是河谷综合开发，这种在资源分析评价基础之上的区域发展与资源开发模式为后人提供了典范。在环境运动的领导们的主张下，受过诸如地质学、林业学和水文学训练的技术人员在自然资源评价、管理和规划中起到关键作用。

虽然，在这个时期以前以及往后一段时间内，在鼓励合理、有效地开发资源以促进区域发展的情形下，生态资源分析均只强调单一因素的资源分析方法，例如水资源或土壤等方面，但是多学科的参与、交叉为后期资源开发的整体系统分析奠定基础。所以到20世纪50年代，开始渐渐倾向以系统的观点综合分析多种自然环境因素，兼顾量与质的数据考证，并扩充到分析自然环境在空间分布的差异性。这种多学科整合为导向的资源综合评价方法成为促进区域间平衡发展的主要方法。这个时期，开始注重自然因子系统对人为因素介入的限制。20世纪60年代后，鉴于环境问题的复杂性，开始强调生态原则的应用，考虑自然作用的演变，综合分析生物、土地、空气与水等自然环境的组成成分，寻求合理的土地使用方式，生态规划从地学领域进入人类生态学领域。美国宾夕法尼亚大学景观建筑及区域规划系创始人 Lan. L. Mcharg 在 1969 年出版的《设计结合自然》一书所提出的综合评价和规划方法在海岸带开发、城市开放空间规划、农田保护规划、高速公路建设等领域取得了很大的成功并在以后的时间里经久不衰，同年 D. Crowe 提出景观规划概念，H. T. Odum 进一步提出生态系统模式，把生态功能与相应的土地利用模式联系起来，提出规划结合生态实现的概念与方法。从 20 世纪 60 年代末期，美、英等国在治理老污染的同时，逐步建立起环境影响评价制度，如美国在 1969 年制定国家环境政策法案以及以后的环境影响评估（EIA）制度。采用模型预测法，对城市规模扩大、经济增长、人口变化等因素给生态环境造成的影响进行研究与评价，主要从两方面评价：一方面从水文、地质、生物等方面考虑土地利用的生态适宜度；另一方面从区域环境容量方面考虑区域发展的承载力，以了解和掌握城市发展的生态潜力与制约因素。1971 年联合国 MAB 计划，提出了开展城市生态系统的研究，使城市生态学的研究理论与方法不断完善。随后，理查德·雷吉斯特所倡导的“重构城市与自然的平衡”对城市建设与生态系统的研究做出了重大的贡献。MAB 报告（1984）提出生态城规划的五项原则：生态保护策略；生态基础设施；居民生活标准；文化历史保护；将自然融入城市。20 世纪 80 年代以来随着全球生态意识的提高和计算机技术的发展，生态规划评价的理论和方法在可持续发展的理论、复合生态系统思想和地理信息系统的推动下又有新的拓展，同时在发展中国家得到广泛的应用。到了 1990 年，城市生态组织在伯克利组织了第一届生态城市国际会议，这次会议提出了基于生态原则重构城市的目标，它将城市生态问题的研究推向了一个更高的阶段。1996 年在伊斯坦布尔举行的人居环境大会可以说是对城市生态问题研究的成果做出了最为完备的概括，提出城市可持续发展的目标：将社会经济发展和环境保护相融合，在生态系统承载能力内去改变生产和消费方式、发展政策和生态格局，减少环境压力，促进有效的和可持续的自然资源利用（水、土、气、生、林、能）。

第二节　生态评价的法律与标准

一、国家环境保护的相关法律法规

目前，我国已经颁布了多项有关环境与资源保护的法律法规，在进行生态评价时，这些都是基本的依据。

1. 宪法

第 9 条第 2 款规定：“国家保障自然资源的合理利用，保护珍贵的动物和植物，任何组织和个人必须合理地利用土地”。

第 22 条规定：“国家保护名胜古迹、珍贵文物和其他重要历史文化遗产”。

第 26 条规定：“国家保护和改善生活环境和生态环境，防治污染和其他公害。国家鼓励植树造林，保护林木。”

2. 刑法

《刑法》第六章“妨害社会管理秩序罪”中第六节“破坏环境资源罪”中有 9 条规定，凡违反国家有关环境保护的规定，应负有相应的刑事责任。

3. 环境保护基本法

环境保护基本法指《中华人民共和国环境保护法》(1989 年 12 月)，它是环境保护领域的基本法律，是环境保护专项法的基本依据，它是由全国人大常务委员会批准颁布的。有关生态环境方面的规定如下。

① 第 17 条：各级人民政府对具有代表性的各种类型的自然生态区域，珍稀、濒危的野生动植物自然分布区域……以及人文遗迹、古树名木，应当采取措施加以保护，严禁破坏。

② 第 19 条：开发利用自然资源，必须采取措施保护生态环境。

③ 第 20 条：各级人民政府应当加强对农业环境的保护，防治土壤污染、土地沙化、盐渍化……防治植被破坏、水土流失、水源枯竭、物种灭绝以及其他生态失调现象的发生和发展……

4. 环境影响评价法

《环境影响评价法》由第九届全国人民代表大会常务委员会第三十次会议通过(2002 年 10 月 28 日)，于 2003 年 9 月 1 日起施行，不仅是我国环境影响评价的第一部法律，也是生态评价的重要依据。

5. 环境保护专项法

环境保护专项法是针对特定的污染防治领域和特定的资源保护对象而制订的单项法律，它是由全国人大常委会批准颁布的，目前已颁布了以下 5 项法律：《中华人民共和海洋环境保护法》(1982)；《中华人民共和国大气污染防治法》(1987 年公布，1995 年进行修改)；《中华人民共和国固体废弃物污染环境防治法》(1995)；《中华人民共和国水污染防治法》(1984 年公布，1996 年进行修改)；《中华人民共和国环境噪声污染防治法》(1996)。

6. 环境保护资源法和相关法律

自然资源是人类赖以生存发展的条件，为了合理地开发、利用和保护自然资源，特制定了：《森林法》(1984)；《草原法》(1985)；《矿产资源法》(1986)；《渔业法》(1986)；《土地管理法》(1986)；《水法》(1988)；《水土保护法》(1991)；《进出境动植物检疫法》(1991)；《防洪法》(1984 年制定，1996 年修订)；《煤炭法》(1996)。

与环境保护工作密切相关的法律有《城市规划法》、《文物保护法》和《卫生防疫法》等。

7. 国家林业局的规定

国家林业局负责许多自然保护区、国际重要湿地及所有动植物保护的行政管理，并与国家环保部及其他机构共同负责自然保护。如下为国家林业局颁布的一些规定：《野生动物保护法》(1988)；《水土保持法》(1991)。

二、标准和有关规定

国家和地方对生态评价的标准及有关规定可以从以下几个方面选取。

(1) 国家、行业和地方规定的标准

①《土壤侵蚀分类分级标准》(SL 190—96)。

②《农田灌溉水质标准》(GB 5084—2005)。

③《保护农作物的大气污染物最高允许浓度》(GB 9137—88)。

④《土壤环境质量标准》(GB 5618—1995)。

⑤《渔业水质标准》(GB 11607—89)。

⑥《农药安全使用标准》(GB 4285—89)。

⑦《粮食卫生标准》(GB 2715—2005)。

⑧ 行业发布的环境影响评价规范、规定、设计规范中有关生态保护的要求。

(2) 规划确定的目标、指标和区划功能

① 重要生态功能区划及其详细规划的目标、指标和保护要求。

② 敏感保护目标的规划、区划及确定的生态功能与保护界域、要求，如自然保护区、风景名胜区、基本农田保护区、重点文物保护单位、饮用水源保护区所提出的保护要求。

③ 城市规划区的环境功能区划及其保护目标与保护要求，如城市绿化率等。

④ 水土保持区划与规划目标、指标与保护要求。

⑤ 其他地方规划及其相应的生态规划与保护要求。

(3) 背景或本底值　以评价区域的所在区域生态背景值或本底值作为评价标准，如：

① 区域土壤背景值。

② 区域植被覆盖率与生物量。

③ 区域水土流失本底值。

④ 建设项目进行前项目所在地的生态背景值，如植被覆盖率、生物量、生物种丰度和生物多样性等。以现状值作为“标准”应体现“建设项目实施后的生态环境不能比现状差”。

(4) 以科学研究已证明的“阈值”或“生态承载力”作为标准。

(5) 特定生态问题的限值

① 水行政主管部门按不同地区和不同侵蚀类型确定的水土流失侵蚀模数限值——土壤容许流失量。

② 草原生态系统按产草量和产草质量分为五等八级。

③ 土地沙漠化按景观特征或生态学指标分为潜在沙漠化、正在发展中沙漠化、强烈发展中沙漠化和严重沙漠化等几个等级，表示沙漠化的不同程度。或按流沙覆盖度划分为强度沙漠化、中度沙漠化、轻度沙漠化等，都是一种评价中的标准。

④ 生物物种保护中，根据种群状态将生物分为受威胁、渐危、濒危和灭绝物种。

第三节　生态评价的生态学理论

一、干扰生态学与恢复生态学

1. 干扰生态学

干扰生态学是研究各类干扰对生命系统作用规律的科学，其学科任务主要是通过对干扰类型、方式、强度、频率、时间等特性的研究，揭示不同干扰对生物个体、种群、群落的影响机制，并阐明生态系统退化原因。另一方面的主要任务是对干扰的性质及发展趋势做出科学预测，为受损生态系统修复、重建和科学管理提供理论依据。干扰生态学的基本研究内容可概括为以下几个方面。

① 研究特定生态系统的干扰因子类型、干扰状况和干扰体系，即干扰因子及其存在规律和发生行为。

② 研究生物个体对干扰的适应行为及其机制。

③ 研究生态系统各组分对干扰的反映。

④ 研究干扰与生态系统的发展进化。

⑤ 研究干扰的生态学意义在生态管理中的应用。

干扰普遍存在于许多系统、空间范围和时间尺度上，并且在所有生态学组织水平上都能见到。具体说，它可以在多种多样的生物群落中发生；它可以在所有生态组织水平（分子、基因、细胞、组织、个体、种群、群落、生态系统和景观生态系统层次）上发生；它的空间尺度可以从微观尺度到几千平方公里甚至于全球范围内；它的时间尺度可以从分、秒到几千年。但目前的干扰研究主要集中在个体以上的层次上，也可以说，主要集中于生态学学科领域。

2. 恢复生态学

恢复生态学（Restoration Ecology）诞生于20世纪70年代，是一门研究生态恢复的科学，学科任务是致力于研究自然灾变和人类活动压力条件下受到破坏的自然生态景观的恢复和重建问题。基于这种恢复和重建在相当程度上离不开人的参与，所以一些生态学家曾根据其方法学和工艺特点又将其称之为“Synthetic Ecology”，译为“合成生态学”或“综合生态学”。自20世纪80年代后，恢复生态学（Restoration Ecology）得以迅猛发展，现已日益成为世界各国的研究热点。1996年，美国生态学的年会上，学者们就把恢复生态学列为应用生态学重点关注的五大研究领域之一。

恢复生态学不同于传统的应用生态学，它不是从单一的物种层次和种群层次，而是从群落或更高的生态系统组织层次考虑来设计和解决生态破坏问题。鉴于此，恢复生态学又可概括为生态系统的恢复和重建。恢复（restoration）与重建（reconstruction）有语义学的区别。恢复是指原貌或原先功能的再现，重建则可以包括在不可能或不需要再现原貌的情况下营造一个不完全雷同于过去的甚至是全新的自然生态系统。有必要进一步指出的是，将一个受损的生态系统恢复到原貌，在实践中往往是困难甚至是不可能的。

二、生态系统管理

人类社会的可持续发展归根结底是一个生态系统管理问题，即如何运用生态学、经济学、社会学和管理学的有关原理，对各种资源进行合理管理，既满足当代人的需求，又不对后代人满足其需求的能力构成损害。生态系统管理已经成为合理利用自然资源和保持生态系统健康最有效的途径。

生态系统管理是指在充分认识生态系统整体性与复杂性的前提下，以持续地获得期望的物质产品、生态及社会效益为目标，并依据对关键生态过程和重要生态因子长期监测的结果而进行的管理活动（廖利平，赵士洞；1999）。其内涵主要包括以下几方面：a. 生态系统管理要求将生态学和社会科学的知识和技术，以及人类自身和社会的价值整合到生态系统的管理活动中；b. 生态系统管理的对象主要是受自然和人类干扰的系统；c. 生态系统管理的效果可用生物多样性和生产力潜力来衡量；d. 生态系统管理要求科学家与管理者确定生态系统退化的阈值及退化根源，并在退化前采取措施；e. 生态系统管理要求利用科学知识做出最小损害生态系统整体性的管理选择；f. 生态系统管理的时间和空间尺度应与管理目标相适应。

由此可见，生态系统管理是人类以科学理智的态度利用、保护生存环境和自然资源的行为体现。可持续发展主要依赖于可再生资源特别是生物资源的合理利用，因而生态系统管理是实现可持续发展的手段和重要途径。

三、保护生物学理论

保护生物学是一门研究生物多样性保护的科学，即研究从保护生物物种及其生存环境着手来保护生物多样性的科学。生物多样性是指地球上动物、植物和微生物的多样性和变异性，它不仅为人类生存提供了不可缺少的生物资源，也构成了人类生存的生物圈环境。近几十年来，由于生物多样性丧失的速度迅速加快而使得生物多样性保护成为当今世界环境保护的热点；1992 年巴西里约热内卢联合国环境与发展大会上联合国《生物多样性公约》的签署，使之更成为签约各国必须关注并承担相应义务的全球性问题，保护生物多样性也从科研、学术领域走向了社会发展的各个方面。

保护生物学是一门综合性学科，综合了生态学、分类学、遗传学、野生动物生态学、种群生物学、环境科学等多学科原理，探讨对自然保护和管理的最佳途径和措施。通常的项目是通过对物种和生境的基础科学研究，证明它们所面临的威胁。而在保护生物学家的项目中，不仅要研究物种和生境，还要包括采取的保护行动，包括社会、经济和伦理在环境受胁中作用。如果濒临灭绝的因素是由某项发展政策导致，就需要考虑多种因素，使计划和行动能在经济、社会发展和自然保护的各方面协调。因此，涉及的保护生物学理论比较复杂，按保护生物学的发展历程，主要有以下几类。

1. 岛屿生物地理学理论

在保护生物学领域中，最早被广泛利用的是岛屿生物地理学理论。20 世纪 60 年代以后，由于大量的土地被开发，许多生物被隔离在被城市和工农业用地所包围的岛屿状栖息地中。岛屿有许多显著特征，如地理隔离、生物类群简单，这些特点为发展和检验自然选择、物种形成和演化以及生物地理学及生态学等领域的理论和假设提供了重要的天然实验室。所以 MacArchur 和 Wilson（1967）的岛屿生物地理学理论一经提出就引起学术界广泛关注，并被迅速接受，而逐渐成为物种保护和自然保护区设计的重要理论依据。

实际上，在该理论提出之前，人们就意识到了岛屿面积与物种数量之间存在一种对应关系，Preston（1962）提出了著名的种-面积方程（$S=CA^Z$）。1967 年 MacArthur 和 Wilson 提出了岛屿生物地理学平衡理论，首次从动态方面定量阐述了岛屿上物种丰富度与面积、隔离程度之间的关系，并建立了 MacArthur-Wilson 理论的数学模型：

$$\mathrm{d}S(t)/\mathrm{d}t=I(s)-E(s)=I_0[S_p-S(t)]-E_0S(t)$$

式中，$S(t)$ 为 t 时刻的物种丰富度；$I(s)$ 是迁入率；$E(s)$ 是灭绝率；I_0 和 E_0 分别为单位种迁入与灭绝系数；S_p 为大陆物种库潜在迁入种的总数；$S(t)$ 的平衡值为 $S(t)=I_0S_p/(I_0+E_0)$。

该模型假定存在着永远都不会灭绝的大陆种群，种群具有物种均一性、可增加性及在一定尺度内的随时间稳定性，并认为岛屿上物种的丰富度取决于物种的迁入和灭绝，而迁入率与灭绝率则取决于岛屿与大陆距离的远近以及岛的大小，即所谓的距离效应、面积效应、营救效应和目标效应。迁入率和灭绝率将随岛屿中物种丰富度的增加而分别呈下降和上升趋势，当迁入率与灭绝率相等时，岛屿物种数达到动态的平衡，这就是岛屿生物地理学理论的核心内容。

2. 种群生存力分析理论

20 世纪 70 年代以后，随着许多珍稀野生动植物的灭绝或濒临灭绝，人们自然而然地把注意力集中在保护这些野生动植物上。由于在岛屿生物地理学理论中没有专门涉及个别动植物的保护，在这种背景下，从现实出发，考虑到人类不可能提供大量的土地来保护动物，群落生物学家提出了物种的长期生存需要一个最小栖息地（minimum area requirement，MAR），小于这个面积，物种就会灭绝的观点；而种群生态学家则把注意力集中在最小种群（minimum population size）和最小密度（minimum density）上。这两个理论相互融合，最后形成了最小存活种群（minimum viable population，MVP）理论。特别是美国国家公园管理部门在 20 世纪 70 年代提出法案，要求美国国家公园中所有野生脊椎动物的数量不得少于最小存活种群。在这种背景下，许多国家公园为了制定保护计划，争相研究最小存活种群，最小存活种群的研究达到了一个高潮。

MVP 是指能够成功地存活相对较长时间的种群所需的最少个体数，例如种群以 95% 概率至少存活 100 年所需的个体数量。MVP 需要有足够的个体数，以便应付如个体死亡、环境灾变、遗传漂变等各种随机事件。此外还必须考虑到保护计划中的时间期限和种群存活的安全界限，而 MVP 的时间期限和存活概率是可变的，即不存在适用于所有物种的同一 MVP 数值。该理论研究的热点问题是如何确定 MVP。种群生存力分析（population viability analysis，PVA）是指用分析和模拟技术估计物种在一定时间内灭绝概率的过程和技术，它是研究物种灭绝过程中确定 MVP 的最新方法。这一方法把影响种群长期生存的因素分为种群统计随机性、环境随机性、自然随机性和遗传随机性。分析这几个随机因素对种群数量增减的影响，就能够估算出 MVP，从而在保护区的建设中维持种群的生存，达到避免物种灭绝的目的。

3. 玛他种群理论

进入 20 世纪 80 年代以后，人们在深入野外研究最小存活种群时发现，处于濒危状态的动物它们的栖息地大多已被分隔，种群已经破碎。在破碎的种群之间存在着许多很复杂的关系。简单地把它们作为一个种群来研究它们的生存力，将无法反映它们的实际情况。有些物种尽管在栖息地的各个斑块中，各局部种群数量不大，但是通过不断地向数量逐渐下降的局部种群或者已灭绝的空斑块迁移，可以保持种群的长期生存。而且这种不同局部种群之间个体的交流还能提高种群的遗传多样性，从而抵消近亲繁殖和遗传漂移的影响，提高种群的生存能力。

1970 年，Levins 在讨论生物灭绝的数学模型时，信手拈来 metapopulation 一词用来表示有灭绝可能的一组同种种群的斑块状分布结构。在他的模型中有如下三点假设：组成各种群的斑块大小相等；扩散个体迁到不同斑块的概率一致；各斑块种群的灭绝概率相同。从这三点，我们可以认为 Levins 的玛他种群是一个理想状态下的种群，在现实中要想找到这样的种群是不可能的。他在其模型中强调，玛他种群是由一组生活在斑块状分布的栖息地中的局部种群所组成的种群，各局部种群不断地灭绝又不断地迁入重建，当迁入重建率大于或等于灭绝率时，这种斑块状分布的种群就能长期生存。这些观点被人们所逐渐接受，从此，这一名词被广泛用来表示一组斑块状分布的种群。

玛他种群理论的内含是十分丰富的，而且还在不断地发展。就目前来看，该理论可归纳为如下几点：a. 玛他种群是指由一组空间隔离、相互有联系的局部种群所组成；b. 一个玛他种群要长期生存，各组成的局部种群之间的迁入率必须大于各自的灭绝率；c. 玛他种群越大（即组成该玛他种群的局部种群越多），种群能生存的时间越长；d. 玛他种群的稳定性由局部种群之间的迁移率来维持，局部种群之间迁移率越高，玛他种群的动态稳定性越高；e. 组成玛他种群的局部种群所生存的栖息环境的不同对玛他种群的生存有重要作用，不同栖息地局部种群因环境的不同会导致遗传结构的不同，当这些不同的个体相互迁移时，会增加各局部种群的遗传多样性，抵御近亲衰退和遗传漂移的不良影响，从而提高种群的生存力；f. 组成玛他种群的局部种群之间的距离、动物的扩散能力对玛他种群的维持有重要作用，因为这两者都会影响种群之间的扩散率；g. 由一个大种群和许多小的卫星种群所组成的玛他种群，如大种群的数量足够大或相互之间有一定的扩散率，那么对物种的保护十分有利。

4. 基于生态区的保护理论

近年来，世界自然基金会提出一种基于生态区的生物多样性保护理论（Ecoregion-Based Conservation，ERBC），对于从流域尺度上开展生物多样性的保护具有重要意义。生态区是一块较大的陆地或水体，它是一个独特的自然群落聚合，这些群落里的大部分物种、动态和环境条件是相同的。由于优势种植物构成了陆地生态系统的基本结构，动物群落也在整个生态区内呈现出均一的或特征性的表达。通过划分生态区，可使生态区与维持生物多样性的主要生态和进化过程相适应，并且生态区能满足需要巨大活动面积的物种种群的生存，尤其是那些在湿地中生活的鸟类。从长远的生物多样性保护的角度来看，划分生态区也可帮助我们有效地选择保护植物群落多样性的最佳地域。生态区在区域尺度上之所以作为一个有效的保护单位，是因为一个生态区内的生物群落基本上是类似的，而且其边界大致与关键生态学过程和进化过程最强烈相互作用的区域范围相吻合。ERBC 的核心理念是不受国界、行政边界的限制，强调按照关键生物类群相互作用及关键生态学过程所涉及的尺度范围进行保护，保护区域的设置不仅考虑物种分布的现状，还要考虑物种的潜在生境及其未来可能的进化空间范围。ERBC 突出强调政府及地方间的合作，以便对某些生态区进行所谓的“跨界保护”。

第四节　生态评价的数学模型与建模方法

事实上，现实世界往往是很复杂的，既不是简单的线性加权关系，也不是全序空间，在进行生态评价的过程中常常需要通过模型对目标生态系统的行为、过程、变化趋势进行模拟，其关键就在于无法用简单的物理分析方法去解决复杂的生态、社会问题。

在进行生态评价的模型模拟前，首先应掌握生态系统运行的生态学模型、理论模型的模式，进而准确地把握评价对象的客观规律，以实现科学的评价与预测。

一、生态学模型

城市化和技术发展对环境的压力日益增大，随着能量和污染物释放到生态系统中，可能引起藻类、细菌迅速增长，危害物种，甚至导致整个生态系统的结构发生变化。要了解复杂生态系统的功能及相互关系，并对其评价、预测及管理，生态模型的应用几乎是必不可少的。生态模型可以是物理模型，也可以是数学模型，但其宗旨都是应用数学术语描述生态系统及有关问题的主要特性。应用生态模型对自然环境进行科学评价与管理所依据的思想见图 5-1。

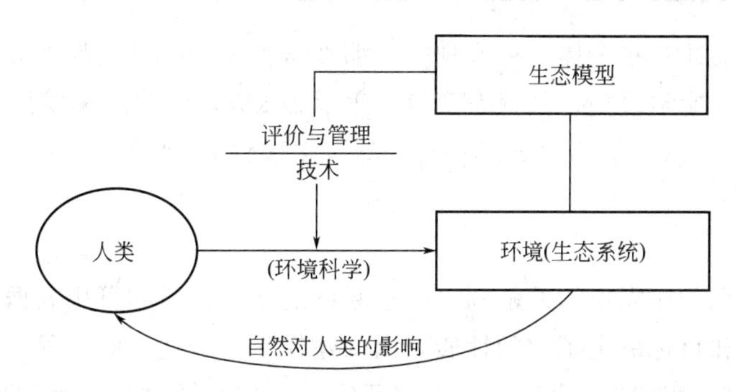

图 5-1　环境科学、生态学、生态模型以及环境管理与技术之间的关系（S. E. Jφrgensen，1988）

1. 生态模型的组成

(1) 强制函数或外部变量　它们是影响生态系统状态的外部变量或函数。就管理内容来说，要解决的问题常常可以重新阐述如下：如果某些强制函数发生变化，它们对生态系统的状态将产生什么样的影响，即可用模型来预测强制函数随时间而改变时生态系统所发生的变化。输入生态系统的污染物质、矿物燃料的消耗、捕鱼方针等都是强制函数的一些例子，而温度、太阳辐射和雨量也是强制函数。可以由人类控制的强制函数通称为控制函数。

(2) 状态变量　状态变量是描述生态系统状态的变量。其选择对于模型结构极为重要，在多数情况下对状态变量的选择是比较明显的。例如，拟建立一个湖泊的富营养化模型，那么状态变量中将会包括浮游植物的浓度和营养物浓度。当模型用于管理方面时，由于模型中包含着强制函数和状态变量的关系，因此可通过改变强制函数来预测状态变量的值，可视为模型结果。多数模型所包含的状态变量的数目多于管理直接需要的数目，因为各变量间关系非常复杂，以致必须引入一些附加的状态变量。如在富营养化模型中，除把营养物输入与浮游植物浓度联系起来外，这两个变量同时还受到多个因素的影响（温度、水体的水文学参数、浮游动物浓度、太阳辐射、水的透明度等因素）。

(3) 数学方程　用数学方程表示生态系统中的生物、化学、物理过程。这些方程表示强制函数与状态变量之间的关系。在许多生态系统中可以发现相同类型的过程，就是说在不同的模型中可以使用相同的方程，有许多专门阐述经典生态学过程的数学表达式在建模过程中经常被使用到。由于生态过程的复杂性，在生态学方面目前还不可能用一个方程来代表一个特定过程。

(4) 参数　对一个特定的生态系统或生态系统的一部分，参数可以看作常数。在因果模型中，参数具有科学的确定意义，例如浮游植物的最大生长率。许多参数只知道其值所处的范围。在 Jφrgensen 等（1979）的书中可找到生态参数的完整综合。

（5）常数　多数模型包括一些常数，如气体常数、分子量等。

2. 生态模型的分类

依据生态学基本原理，生态模型可分为三类，见表5-1。

表5-1　模型识别分类

模型类型	组织	格局	测量
生物种群统计	种或遗传信息的保存	生活史	个体数或种数
生物力能学	能量守恒	能流	能量
生物地化	质量守恒	元素循环	质量或浓度

如果模型旨在描述一些个体、种或种类，那么这种模型叫做生物种群统计模型；描述能流的模型叫做生物力能学模型，其状态变量可表示为kW；生物地化模型是考虑物质流的情况，它的状态变量用kg、kg/m^3或kg/m^2表示，这种模型常常包括一个或多个元素的循环。

3. 建模过程

建模者需明确准备建立模型的范围、生态系统的基本性质和可用数据，建立模型的概念框图。模型的目的和目标决定了它的性质，因为建模是一个迭代的过程，所以尝试性的建模步骤主要包括建立概念框图、验证、校正和证实，并重复该过程，直到所有的参数足够精确，满足目标要求。建模程序见图5-2。

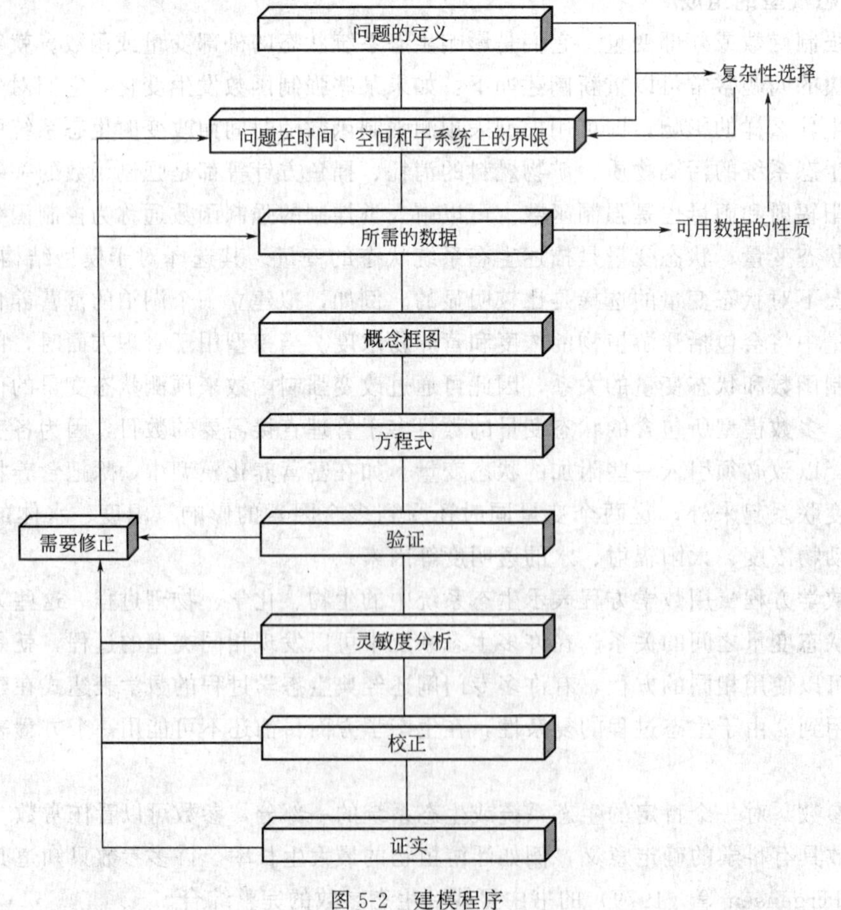

图5-2　建模程序

二、理论模型（theoretical model）

理论模型是对生态系统中某一复杂过程机理进行深入研究，通过基本理论推导得到表示过程各有关变量之间的物理数学关系，这种纯粹从基本理论出发，用数学方法来表达的关系，称为理论模型。

科学理论模型采取的描述方式不外乎两类：借助于语言、图像、符号等工具的定性的描述，通常称为该理论的物理模型；借助于公式、图表等工具的定量的表述，通常称为该理论的数学模型。任何理论模型都有一个相应的物理模型，而那些能在较高精确程度的水平上反映事物内部运行机制的理论模型，则往往还有一个甚至几个相应的数学模型。

1. 物理模型

物理模型的一种最基本的表现形式就是一个或一组陈述模型的核心假设和桥梁假设的命题。如玻尔原子模型的物理模型就是原子是由原子核和一定数目的核外电子组成的。在正常状态下，电子各自处在具有一定能态的轨道上绕核旋转，从而使电子的各项性质保持稳定。

物理模型对应于人类对科学现象的定性理解。

2. 数学模型

理论模型的一个重要组成部分就是它关于事物内部各组成要素的空间关系、数量制约关系及其与事物表层可观察属性之间的对应关系的基本猜想。这种思想可以用“x 与 y 成正比”或其他诸如此类的命题来定性描述，也可以用函数关系式、微分方程、几何图形、拓扑结构等数学手段加以定量刻画，数学模型就是以后一种方式表述出来的理论模型。一个完整形态的数学模型由两个部分构成：a. 描述变量及其关系的数学表达式；b. 对式中诸变量的物理意义的规定或解释。如质能关系式的完整表述就是：$E=mc^2$（E 表示能量，m 表示物体质量，c 表示光速）。

由于一个数学模型只确定地表达某一组变量之间的某一种相关关系，因此，一个内容丰富的理论模型往往需要由两个或更多的数学模型来表达（如牛顿力学体系中，就有表述第二定律的 $F=ma$、表示万有引力的 $F=Gm_1m_2/r^2$ 等几个数学模型）。而且，理论模型中同一组变量之间的同一种关系也可以用不同的数学公式来表述。

物理模型和数学模型实际上反映了人们对科学现象的不同程度的理解水平，并且，这种理解水平也是逐渐深入的，从定性理解/发现再到定量理解/发现。

理论模型能反映过程的机理，但由于实际的自然系统运行过程比较复杂，影响因素很多，纯用理论方法描叙过程往往是不可能，因而纯理论模型的应用是很有限的。

三、计算机模拟分析

计算机模拟是 20 世纪中叶随着电子计算机的诞生和发展，并与系统科学方法相结合而形成的一种计算机应用技术。计算机模拟在发展的初期主要用于军事目的，20 世纪 60 年代开始进入工程系统的商用领域，70 年代才应用于社会、经济、生态、管理等非工程系统的研究，此后模拟技术步入快速发展的轨道。模拟技术也不再是单一的技术，而是由相关的科学方法、信息技术共同构成的技术体系，且随着这些方法技术的发展而完善。早期的计算机模拟主要是统计学、动力学方法，而今自动控制、人工智能、专家系统、地理信息系统等新技术的融入使得模拟技术的功能空前加强。模拟技术发展到今天，已经成为系统分析、研究、设计及人员训练不可缺少的重要手段，其内涵和应用范围都得到了极大的拓展。

1. 模拟技术简介

计算机模拟所涉及的基本概念有系统、模型和模拟等。计算机模拟或称为计算机仿真，就是利用计算机模型对所研究系统的结构、功能和行为进行动态模仿的技术，是现代生态学研究的有效工具。

2. 模拟过程

计算机模拟概括地说主要包括“建模-实验-分析”3个基本部分，即模拟不是单纯的对模型的实验，而是包括从建立模型到模拟实验再到结果分析的全过程。因此，进行一次完整的计算机模拟应包括系统分析、构造模型（系统模型和模拟模型）、确认参数（收集数据）、模拟实验、验证评价和模拟应用等过程（图5-3）。

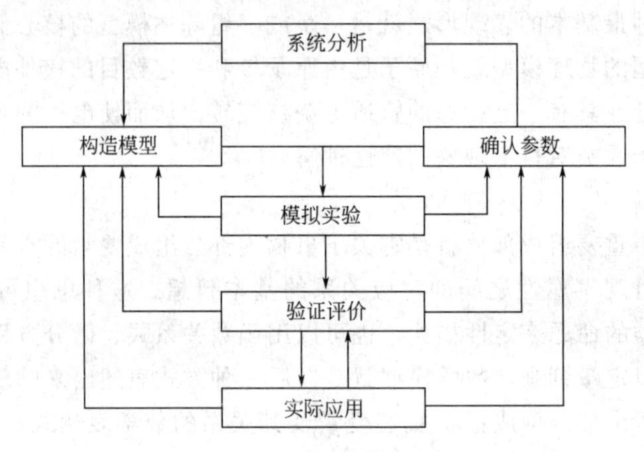

图5-3 计算机模拟过程

从该图可以看出，生态系统的模拟是一个不断完善的循环过程，其中构造模型和确认参数是整个模拟过程的中心环节。系统分析的功能类似于系统动力学建模的系统辨识和结构分析，主要是分析系统的内部结构、关系、行为，确定系统的规模、边界、约束条件及模拟精度等。构造模型包含两层含义，一是根据研究目的和变量间的关系建立数学模型；二是对数学模型编程，转换成模拟模型。模型参数的来源比较广泛，可以从试验获得，也可以从文献资料、调查统计数据（包括遥感数据）得到，或者直接通过调试模型确定。模拟实验主要对模型进行各种必要的调试，测定其输出，保证模型的正常运行。

四、生态评价模型模拟与分析

在实现了对评价对象的生态学模型与理论模型分析的基础上，可以通过建模分析从作用方式、过程媒介、表现形式等多尺度、多角度描述和表现目标系统的结构与运行情况。由参数数据、指标体系、运算法则、权重相互结合，完成对评价对象的模拟和抽象，成为一套整合的模型系统。模型系统的运行和输出可实现对现实生态系统的模拟、反映和评价。

1. 评价数据的来源与处理

(1) 数据来源 生态评价的数据主要通过野外调查、室内化验分析、定位或半定位观测，从地图、航片、卫片上提取信息，从有关部门收集、统计和咨询等途径获取。

(2) 数据筛选与处理 对取得的大量生态数据，要进行汇总和整理。进行数学模式评价，要进行统计分组和标准化处理。

2. 生态评价模型与分析方法

(1) 因子综合法　该方法首先是给出各个参评因子的具体指标值，再按照各因子（或因子组）的相对重要性赋予不同的权重，求出总的综合指数值，最后按评价标准划分不同的评价等级。其计算公式为：

$$I_{cp}=\sum_{i=1}^{n}\omega_j L_{pij}/n$$

式中，ω_j为参数的权重；L_{pij}为某类因子（指标）具体值，$L_{pij}=\sum_{i=1}^{k}\omega_s D_i$；$\omega_s$为单因子权重；$D_i$为参数与标准值比；$k$为评价因子数量。

根据计算结果，参照表 5-2 的评价标准，即可得到评价结果。

表 5-2　因子综合法评价等级

等级	I_{cp}	评语
1	<0.4	好
2	$0.4\leqslant I_{cp}<0.5$	尚好
3	$0.5\leqslant I_{cp}<0.75$	稍差
4	$0.75\leqslant I_{cp}<1.0$	差
5	$\geqslant1.0$	最差

注：以环境污染为例，此指标为各因子取值，越小越好。

因为加权和法具有补偿性，个别指标下降会因其他指标上升而使总和不变，故该法仅适用于同类型指标评价。因为如果是进行综合评价或考虑最小限制因子的作用，所有指标中任何一项较低，总评价结果都不可能高，故可采用连乘法来计算。

$$I_{CB}=\prod_{i=1}^{3}I_{Bi}^{\lambda_i}$$

式中，λ_i为I_{Bi}相对于I_{CB}的权重。

(2) 模糊评价法　该方法是基于模糊数学的理论，给每一个评价因素赋予评语，将该因素与系统的关系用 0～1 之间连续值中的某一数值来表示。

① 建立评价因素集。指标因子集$U=\{U_1$(社会因子)，U_2(经济因子)，U_3(环境因子)$\}$

因子评语集$V=\{V_1$(社会因子评语)，V_2(经济因子评语)，V_3(环境因子评语)$\}$，其中：V_1、V_2、$V_3=\{v_1$(很好)，v_2(较好)，v_3(较差)，v_p(很差)$\}$

因子权重集$A=\{A_1$(社会因子权重)，A_2(经济因子权重)，A_3(环境因子权重)$\}$，其中：

$$A_1=(a_{11},a_{12},\cdots,a_{1n})$$
$$A_2=(a_{21},a_{22},\cdots,a_{2n})$$
$$A_3=(a_{31},a_{32},\cdots,a_{3n})$$

② 确定模糊关系。模糊关系矩阵$R=\{R_1$(社会因子模糊关系矩阵)，R_2(经济因子模糊关系矩阵)，R_3(环境因子模糊关系矩阵)$\}$，其中：

$$R_i=R_{i\times p}^{1}\begin{bmatrix} r_{11} & r_{12} & \cdots & r_{1p} \\ r_{21} & r_{22} & \cdots & r_{2p} \\ \vdots & \vdots & \vdots & \vdots \\ r_{i1} & r_{i2} & \cdots & r_{ip} \end{bmatrix}$$

式中，r为指标因子U所得p种不同评语的概率数。

③ 分组综合评价。设评价集 $B=\{B_1$(社会生活水平评价值)，B_2(经济发展税票评价值)，B_3(生态环境质量评价值)$\}$，其中：

$$B_i=A_iR_i$$

经矩阵运算后，$B^n \approx B^{n+1}$，满足评价要求，则得到 i 组评价值，$B_i=(b_{i1},b_{i2},\cdots,b_{ip})$，$b$ 与评语集中的 v 相对应。

④ 总体综合评价。给出因子 U 对系统发展的贡献权重 A'，计算总体综合评价值 H。

$$H=A'B=(a_1,a_2,\cdots,a_p)\begin{bmatrix} b_{11} & b_{12} & \cdots & b_{1p} \\ b_{21} & b_{22} & \cdots & b_{2p} \\ \vdots & \vdots & \vdots & \vdots \\ b_{i1} & b_{i2} & \cdots & b_{ip} \end{bmatrix}=(h_1,h_2,\cdots,h_p)$$

则评判值 $h^*=\max(h_1,h_2,\cdots,h_p)$，此值所对应的评语集中的 r_i 即为最后的评价结果。

(3) 层次分析法　层次分析法是把复杂问题中的各个因素通过划分相互关系的有序层次，根据对一定客观现实的判断就每一层次的相对重要性给予定量表示，利用数学方法确定每一层次要素的相对重要值的权值，并通过排序来分析和解决问题的一种方法。其基本思路是按照各类因素之间的隶属关系把它们分成从高到低的若干层次，建立不同层次因素之间的相互关系，根据对同一层因素相对重要性的相互比较结果，决定层次各因素重要性的先后次序，以此作为决策的依据。

① 建立层次结构模型。划分目标层、准则层、指标层等，如图 5-4 所示。

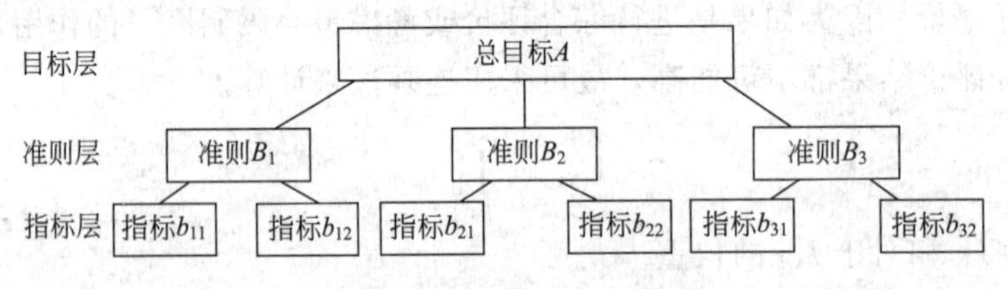

图 5-4　建立层次结构模型

② 构造判别矩阵。这是层次分析方法的关键一步，矩阵内数据反映各因素相对重要性，可由客观数据、专家意见或分析者的综合获得，采用 1～9 或其倒数。前例中，A 层对 C 层构造判断矩阵见表 5-3。

表 5-3　A 层对 C 层构造判断矩阵

A	B_1	B_2	B_3	ω
B_1	1	2	9	0.60
B_2	1/2	1	7	0.35
B_3	1/9	1/7	1	0.05

③ 排序及检验。求上述矩阵特征根和特征向量

$$A=\lambda_{\max}W$$

式中，A 为上述判断矩阵；$\lambda_{\max}$ 为最大特征根；W 为最大特征根所对应的特征向量。

有了 W 后，即得该层因素对上层的单权重，用 $\mathrm{CI}=\dfrac{\lambda_{\max}-n}{n-1}$ 进行检验，当 $\mathrm{CR}=\mathrm{CI}/\mathrm{RI}<0.01$ 时，效果满意。对于 1～9 阶判断矩阵，RI 的取值见表 5-4。

表 5-4 对于 1～9 阶判断矩阵，RI 的取值

矩阵阶数	1	2	3	4	5	6	7	8	9
RI 值	0.00	0.00	0.58	0.90	1.12	1.24	1.32	1.41	1.45

其中 1 层、2 层无需进行一致性检验。

④ 求层次总排序。层次总排序见表 5-5。

表 5-5 层次总排序

A B	A_1 a_1	A_2 a_2	… …	A_m a_m	总排序权重
B_1	b_{11}	b_{12}	…	b_{1m}	$\sum_{j=1}^{m} a_j b_{1j}$
B_2	b_{21}	b_{22}	…	b_{2m}	$\sum_{j=1}^{m} a_j b_{2j}$
⋮	⋮	⋮	⋮	⋮	
B_n	b_{n1}	b_{n2}	…	b_{nm}	$\sum_{j=1}^{m} a_j b_{nj}$

⑤ 层次总排序一致性检验

$$\mathrm{RI} = \frac{\sum_{j=1}^{m} a_j \mathrm{CI}_j}{\sum_{j=1}^{m} a_j \mathrm{CR}_j}$$

层次分析中赋值说明见表 5-6。

表 5-6 层次分析中赋值说明

标度	含义	标度	含义
1	两因素相比，同等重要	9	两因素相比，一个比另一个极端重要
3	两因素相比，一个比另一个稍微重要	2.4	
5	两因素相比，一个比另一个明显重要	6.8	为两相邻判断的中值
7	两因素相比，一个比另一个强烈重要	倒数	i 与 j 比较得 b_{ij}，则 j 与 i 比较为 $b_{ji}=1/b_{ij}$

(4) 主成分分析评价法 主成分分析法，即 PCA 方法（Principal Components Analysis）是将多维信息压缩到少量维数上，构成线性组合，并尽可能反映最大信息量，且第一轴携带信息最多，从而在众多参评因子中找出少数能代表原来诸多参评因子的综合因子，以尽可能少的新组合因子（主成分）反映参评因子之间的内在联系和主导作用，从而判定出客观事物的整体特征。

分析过程如下。

① 对 $P \times N$ 原始数据进行标准化，得到矩阵 X。目的是为了消除原始数据的量级和量纲的不统一。标准化的方法有多种，最常用的是中心化和离差标准化。中心化公式为：$X'_{ij} = X_{ij} - \overline{X}_{ij}, i=1,2,\cdots,p, j=1,2,\cdots,n$

离差标准化公式为：
$$X'_{ij} = \frac{X_{ij} - \overline{X}_i}{\sqrt{\sum_{j=1}^{n} (X_{ij} - \overline{X}_i)^2}}$$

② 计算内积矩阵 $R = XX^{\mathrm{T}} = (r_{hi})h, i=1,2,\cdots,p$

③ 求 R 特征根与特征向量。通过正交交换 $URU^{\mathrm{T}}=\Lambda$，将矩阵对角化，计算 R 的特征根多项式 $|R-\lambda_i|=0$ 的 p 个根，并依次排列为 $\lambda_1\geqslant\lambda_2\geqslant\cdots\geqslant\lambda_p$。

然后由 $RU^{\mathrm{T}}=U^{\mathrm{T}}A$ 求出 p 个特征向量，得到矩阵 U。

④ 求贡献率和累积贡献率。定义 $\lambda_i/\sum\limits_{i=1}^{p}\lambda_i=\lambda_i/p$ 为 i 个特征根占全部特征根的信息比，取前 K 个特征根的信息百分比，当 $\sum\limits_{i=1}^{K}\lambda_i/p>85\%$时即可满意。

⑤ 计算各样本在前 K 个排序轴上的几何坐标 $Y=UX$，将样本的空间位置表示在主成分坐标图上，可反映样本实体之间的相互关系。

⑥ 估计各属性对主成分的作用。主成分是原来 p 个属性的线性组合，不能解释为某一单个因素的作用，所以无法说明单因素对主成分的作用，而采用因素负荷量则可解决该问题。定义各因素对新的主成分的负荷量为：

$$L=(l_j)=\sqrt{\lambda_j}u_{ji}=U^{\mathrm{T}}\Lambda^{\frac{1}{2}}(i,j=1,2,\cdots,p)$$

式中，l_j的符号和数值大小反映了原始因素对新主成分的相关正负和作用大小，从而可以评价各因素的作用。

(5) 神经元网络评价方法 思维是一个比一般物理学过程复杂的生理、心理过程，是一个黑箱或灰箱，至今仍无法搞清人的高级思维规则算法。所以可以利用计算机技术建造一个评价过程，它不需要每个因素确切的权重，甚至不用确定的数学方法，而是将推理过程纳和黑箱之中，通过对事先输入的有代表性的“症状-结论”的分析、学习，对一般多属性事物做出合乎情理的评价。近年来发展起来的神经元网络评价方法正是基于此而得到广泛应用的。

神经元网络理论是在现代神经科学研究成果的基础上提出来的，它反映了人脑功能的若干特征，但并非神经系统的逼真描述，而只是其简化、抽象和模拟。神经网络由许多并行运算的功能简单的单元构成，这些单元类似于生物神经系统的单元，它是一个非线性动力学系统，具有信息的分布式存储和并行协同处理的特点，虽然每个神经元的结构简单，功能有限，但大量神经元构成的网络系统却能实现巨大功能。

从结构上看，神经网络是一个并行和分布式的信息处理网络结构，由许多个神经元结成，每个神经元只有一个输出，它可以连接很多其他的神经元，每个神经元输入有多个连通路，每个连通路对应一个连接权系数。它具有下列性质：

① 每个节点有一个状态变量 x_j；

② 节点 i 到节点 j 有一个连接权系数 w_{ji}；

③ 每个节点有一个阈值 o_j；

④ 每个节点定义一个变换函数 $f_j[x_j,\omega_{ji},o_j(i\neq j)]$。

神经网络模型多样，最常用的是 D. E. Rumelhart 和 J. L. Mcclelland 于 1986 年提出的多层前馈网络的反向传播算法（Back Propagation），简称 BP 网络。该网络有 R 个输入，每个输入都通过一个适当的权值与下一层相连。网络输出为：

$$a=f(wp+b)$$

BP 网络含有一个或多个隐层，隐层中的神经元均采用 sigmoid 型变换函数，输出层的神经元采用纯线性变换函数，输出为 0～1 之间的连续量。在确定了 BP 网络结构后，利用输入输出样本集对其进行训练，对网络的权值和阈值进行学习和调整，使网络实现给定的输入输出映射关系。经训练后的BP网络，对于不是样本集中的输入也能给出合适的输出。

BP网络重要之处在于学习，即事先有一组输入-输出（I、O），通过一组非线性算法，在均方差最小时，求出权重 ω_1、ω_2。

参考文献

[1] 刘卫东编著．土地资源学．上海：百家出版社，1994.

[2] 奥托兰诺著．环境规划与决策．华南科学研究所译．北京：中国环境科学出版社，1988.

[3] 高吉喜，张林波，潘英姿编著．21世纪生态发展战略．贵阳：贵州科技出版社，2001.

[4] 格林伍德NJ，爱德华兹JMB著．人类环境和自然系统．刘之光译．北京：化学工业出版社，1987.

[5] 黄书礼．生态土地使用规划．台北：詹氏书局，2002.

[6] 刘康，李团胜编著．生态规划——理论、方法与应用．北京：化学工业出版社，2004.

[7] 扬戈逊SE著．生态模型法原理．陆健健，周玉丽译．上海：上海翻译出版公司，1988.

[8] 王开运等著．生态承载力复合模型系统与应用．北京：科学出版社，2007.

[9] 李振基，陈小麟，郑海雷编．生态学．北京：科学出版社，2004.

[10] 皮洛EC著．生态学数据的解释．石绍业，陈华豪等译．哈尔滨：东北林业大学出版社，1986.

[11] 马世骏主编．中国生态学发展战略研究．北京：中国经济出版社，1991.

[12] 杨京平主编．生态工程学导论．北京：化学工业出版社，2005.

[13] E.马尔特比等编著．生态系统管理——科学与社会问题．康乐，韩兴国等译．北京：科学出版社，2003.

思考题

1. 简述保护生物学理论与生态评价。
2. 简述层次分析法在生态评价中的应用。

生态风险评价

第一节　生态风险评价的基本概念

一、生态风险评价的提出

生态风险评价的提出和发展是建立在人类健康风险评价理论和方法基础之上的，是环境风险评价的重要组成部分，其研究在发达的工业国家特别是美国最为突出。风险评价开始于20世纪80年代，经历了二十几年的发展，其评价内容、评价范围、评价方法都有了很大的发展。评价的内容由单一化学污染物、单一受体发展到大的空间尺度（WayneGLandis，2003）。80年代风险评价以单一化学污染物的毒理研究到人体健康的风险研究为主要内容；90年代，风险评价开始作为一种管理工具被广泛研究，风险受体也随之扩展到种群、群落、生态系统、景观水平风险源开始考虑多种化学污染物及各种可能造成生态风险的事件；20世纪90年代末至今，风险评价的风险源范围进一步扩大，除了化学污染、生态事件外，逐步考虑人类活动的影响（如荒漠化、水土流失、土地覆被变化、气候变化等），评价范围也扩展到流域以及景观区域尺度（陈辉，2006）。

二、生态风险评价的概念和目的

1. 生态风险评价的概念

生态风险评价从不同的角度可以有不同的定义。①从生态系统整体考虑，生态风险评价是研究一种或多种压力形成或可能形成不利生态效应可能性的过程（Hunsaker CT，Grahm RL；1990），也可以是主要评价干扰对生态系统或组分产生不利影响的概率以及干扰作用的效果（Lipton J，Galbraith H；1993）。②从评价对象考虑，生态风险评价可以重点评价污染物排放、自然灾害及环境变迁等环境事件对动植物和生态系统产生不利作用的大小和概率，也可以主要评价人类活动或自然灾害产生负面影响的概率和作用（Barnthousel LW，1988）。③从方法学角度来看，生态风险评价可以被视为一种解决环境问题的实践和哲学方法，或被看作收集、整理、表达科学信息以服务于管理决策的过程（USEPA，2002）。

美国环保局在1992年颁布的生态风险评价框架中对生态风险评价进行了定义：评价负

生态效应可能发生或正在发生的可能性，而这种可能性是归结于受体暴露在单个或多个胁迫因子下的结果（USEPA，1992）。其目的就是用于支持环境决策（Suter GW，2001）。

2. 生态风险评价的目的

生态风险评价的目的是使用有效的毒理学与生态学信息估计有害的生态事件发生的可能性。殷浩文给出了生态风险评价的目的是使用有效的毒理学与生态学信息估计有害的生态事件发生的可能性。这些事件称为生态终点，较为常见的生态终点如出现某些物种的灭绝，另一个可能的终点是某些经济价值很高的种属产生急剧的衰退（如观赏和商品鱼类），也可能是某个生物种群丧失了它在维持生态系统功能完整性中的重要作用。

三、生态风险评价的特点及作用

1. 生态风险评价的特点

生态风险的评价（ERA）需要跨学科的知识与技术，它以计算机、数学模型为工具，综合生态学、生物学、卫生学、毒理学、统计学、水文学、地理学、地质学、气象学、化学、物理学、力学、数学、社会学、经济学等几乎所有自然科学和部分社会科学有关的内容、成果、先进方法的分析研究阶段。生态风险评价除了具有一般意义上的“风险”涵义外，还有不确定性、危害性、内在价值性、客观性。其中不确定性是指生态系统具有哪种风险和造成哪种风险的灾害（即风险源）是不确定的，生态系统关注的事件是灾难性事件，其危害性是指这些事件发生后的作用效果对风险承受者（指生态系统及其组分）具有的负面影响。虽然某些事件发生后可能对风险承受者产生有利的影响，但风险评价并不考虑这些正面影响。

生态系统中物质的流失或物种的灭绝必然会造成经济损失，但生态系统本身的健康、安全和完整更为重要，这就是生态系统的内在价值性。任何生态系统都不可能是封闭的和静止不变的，它必然会受到诸多具有不确定性和危害性因素的影响，也就必然存在风险。生态风险对于生态系统来说是客观存在的。

2. 生态风险评价的作用

ERA 有几个特点可方便管理者做出有效的环境决策：它能提供新的信息；暴露于胁迫因子时作为变化的函数，它能表达效应的变化；它集中于特殊的管理问题，这使得它能很容易地获得决定管理行为是否有效的成功方法；它详细地评价了不确定性；它被用来比较、排序和优化风险并能提供成本效益和节省成本分析的数据。它考虑了在问题形成中的管理目标和对象及科学问题，这帮助证明了结果对风险管理者有用。

在生态风险评价中，要特别注意保护生物多样性和生态完整性。为达到这一目的，需要更多地注意所有生态区和生态系统。资源有限时，会最早丧失最多生物多样性的生态系统在保护行动中应有明确的优先级。环境保护部门应该将数据公开，这些数据代表了最复杂的信息，它收集了带给生物多样性的风险，设立了风险管理的优先级。从事保护行动的其他类别的部门和组织（获取土地，生态系统的管理、恢复等）能用这些相同的数据决定他们所强调方面的优先级。在高风险生态系统中，进行风险管理的第一步是回答与资源的胁迫因子特征、暴露特征和生态效应相关的问题。

四、生态风险评价的基本方法

最近，主要与环境监测和评价相关的 E 队实验室的副主任概括了生态风险评价的五种基本的方法：动物毒性法，生态健康法，模拟法，专家判断法和政治过程法或混合法(Lackey，1994)。最近更多的生态风险评价工作结合了这五种方法中的几种。第一种生态风险评价方法，动物毒性法，以健康风险评价为基础，尽管许多生态学家已经指出它的一系列问题是有限的，但目前它是一种占优势的方法。第二种方法，生态健康方法，一种对有限性做出反应的方法，它依赖于生态健康和与人类健康有关的大范围的类似问题。第三种方法，模拟法，结合了许多模型，从系统方法到不同的生态指示剂。第四种方法，专家判断法也未能有明显的方法集，但是用到了许多评价类型。同样的，第五种方法政治过程法不是一种首要的生态风险评价的科学方法，但它是一种重要的政治方法。以上几种方法中，动物毒性法和生态健康法是生态风险评价中占优势的两种方法。

第二节　生态风险评价的程序和方法

一、生态风险评价的计划制定

在进行生态风险评价之前，有一项工作必须先行，那就是生态风险评价计划的制订。风险评价者与管理者就所评价的问题进行充分交流是评价的基础性工作。交流的目的是使管理者做出有见识的环境决策。生态风险评价计划的制订包括以下三个方面（殷浩文）：

① 建立统一、清晰并含有检验评价成功与否的尺度的管理目标。

② 明确定义在管理目标范围内的决策。

③ 确定风险评价的范围、复杂性和评价焦点，包括结果输出和技术、财政的准备。

二、风险识别

风险识别的主要过程如下。

(1) 评价涉及的生态系统的有关资料收集　包括地理位置、地形地貌、地质、水文、气象、植被，土地、水、矿产、森林等资源分布及开发利用情况、环境质量状况，人群分布、社会经济等方面的内容。

(2) 污染源调查　包括来源、种类、数量、主要污染物成分、排放方式、排放去向、排放地点、排放强度。

(3) 监测　包括监测设计和实施监测，确定监测内容、监测布点、监测时间、监测频次、分析方法、质量控制等，应考虑污染源和环境质量两方面的监测内容。

(4) 现场调查　证实收集的资料的可靠程度，弥补资料的不足。包括植被调查，动、植物种类分布调查，特别注意敏感的、重要的、珍稀濒危的保护对象。

(5) 分析　综合上述调查、监测、收集的资料进行分析，确定主要的有害物质或污染物，确定可能受到危害的对象——生物的或非生物的评价受体，确定反映受体遭受有害物质损害的指标体系，即评价终点。

三、暴露评价

暴露评价描述了干扰与生态学受体的接触与共存。当某种干扰进入不同的环境介质中，与这些环境介质相互接触、相互作用，最终形成以一定时空分布形式存在的干扰分布区，即各种生物或生态受体的暴露场。

暴露评价需要确定受体和暴露途径的强度和时空范围，描述形成暴露的干扰源和暴露发生的可能性，即干扰的源在哪里？干扰的类型、数量？暴露是如何发生的？暴露的时间、地点和量？暴露发生的可能性有多大？

用于降低风险的策略注重在第一场合防止风险发生，干扰源表征尤为重要，一旦确认源，可以定性确认风险发生的可能性，从而可能从根本上杜绝人类不良活动对生态的破坏。

第三节　生态风险评价案例

一、流域生态系统的生态风险评价

流域生态风险评价是生态风险评价的一个重要方面，在流域尺度上描述和评价环境污染、人为活动或自然灾害对生态系统的结构和功能所产生不利影响的可能性和危害程度。卢宏玮等对洞庭湖流域进行了生态风险评价（2003 年），案例如下。

1. 风险源分析

区域生态风险评价所涉及的风险源可能是自然或人为灾害，也可能是其他社会、经济、政治、文化等因素。对于洞庭湖，可能存在的自然灾害主要包括洪涝灾害、干旱灾害、血吸虫、鼠疫以及地震灾害等。人为灾害主要包括沿湖化工企业排污以及农田施肥外流导致的化学污染，血防工程投入湖中的药物污染，过路船舶突发性及非突发性泄漏或排放导致的油类污染以及防洪抗旱建垸筑堤、围湖造田等对滨岸带生物种群的影响等。通过对比历史资料，从自然风险源和人为风险源两大类入手分析，最终选用洪涝灾害、工业污染、农业污染以及血防污染作为风险源。

2. 受体分析

水溞是一种较为常见的淡水生物之一，由于它在水生生物网中处于关键位置，存在与否对水生态系统物种结构影响较大，且对一系列污染物敏感，常被用于水体污染状况研究方面，因此选择水溞作为洞庭湖流域区域生态风险评价中的受体。

3. 危害分析

(1) 洪涝灾害分析　洪涝灾害对受体及周边生态系统的灾难性影响是多方面的，洪涝灾害淹没或卷走的低处的浮水、挺水植物是溞类的栖息地，因此洪涝灾害不仅将水域表层大部分溞类卷走，其他未被卷走的溞类也将面临缺乏栖息地的危险。溞类是很多软体动物、浮游生物以及鱼类的食物来源，溞类的数量骤减对整个生态系统的平衡也会有一定的影响。同时，洪水带来上游高处的各种毒性污染物在溞类体内形成富集并随食物链进入其他动物体内从而污染整个生态系统。

(2) TN、TP 危害性分析　溞类可大量吞食藻类，而氮、磷是藻类大量繁殖的基础。氮、磷的过剩可导致藻类的大量繁殖，而藻类的大量繁殖又可促进溞类的增殖从而降低藻类生物量，进一步造成氮、磷浓度的下降。因此可近似认为氮磷对溞类没有明显的危害作用，在进行危害性分析时主要分析氮、磷对周边生态系统的危害性影响即可。

氮、磷为植物生长的必备元素，但其浓度过高仍会对湖区产生不良的生态影响，由于水草的大量疯长，不仅导致洞庭湖水体富营养化的形成，周边的生物圈及各种生物行为也会因缺氧而受到影响。特别是氮循环中产生的亚硝胺是已被证实的致癌物质。有机磷农药是我国目前使用最广泛的农药，各品种的毒性不同，多数属剧毒和高毒类，少数为低毒类。某些品种混合使用时有增毒作用，某些品种可经转化而增毒。有机磷的毒性作用主要是导致平滑肌收缩增强和腺体分泌增多，引起细胞缺氧，并对呼吸道、消化道的黏膜有刺激性、腐蚀性，对人类及生态系统其他组分的危害都是巨大的。

(3) 重金属危害性分析　水体中的 Hg 经微生物的作用，能够转化成毒性更大的甲基汞，会使藻类植物改变颜色、鱼类大量死亡。进入大气、水体和土壤等各种环境的重金属，均可通过呼吸道、消化道和皮肤等各种途径被动物吸收。当这些重金属在动物体内积累到一定程度时，即会直接影响动物的生长发育、生理生化机能，甚至引起动物的死亡。重金属侵入动物机体达到一定剂量时，对动物的各个发育阶段都会产生影响，尤其对幼体阶段更为明显。重金属在溞类体内富集倍数是水质的 35～1200 倍，其他生物体内重金属富集倍数也较高，如此惊人的富集量对生物体造成的危害是巨大的。

4. 综合评价

(1) 生态指数　对于生态风险评价中的生态指数，主要应考虑物种重要性、生物多样性等方面，本案例主要选用了生物指数、多样性指数和物种重要性指数。生物指数和多样性指数分别选用特伦特生物指数（trent index）和申农-威纳指数（Shannon-Weiner index），物种重要性指数在文中以各生境内珍稀动物种数占整个区域珍稀动物种数的比值来表示：

$$EI = \sum_{i=1}^{n} C_i / C_0 \quad (i = 1, 2, \cdots, n)$$

式中，EI 为物种重要性指数；C_i 为某生境中的珍稀动物种数；C_0 为流域内珍稀动物种数；n 为生境类型数。

(2) 灾害指数　某一灾害指数可定义为其概率与权值之积，即：

$$D = \sum_{j=1}^{m}\sum_{i=1}^{n} D_{ij} = \sum_{j=1}^{m}\sum_{i=1}^{n} P_{ij} W_{ij} \, (i = 1, 2, \cdots, n)(j = 1, 2, \cdots, m)$$

式中，D 为灾害指数；m 为灾害类型个数；n 为某种灾害的级数（n=1，2，3）；P 为第 j 种灾害第 n 级发生的概率；W 为第 j 种灾害第 n 级发生风险的权值，它描述了洪涝灾害的大小以及其损失程度。

由于在本案例中只考虑了洪涝灾害（即 m=1），因此上式可表示为：

$$D = \sum_{i=1}^{n} D_i = \sum_{i=1}^{n} P_i W_i \, (i = 1, 2, \cdots, n)$$

根据洪涝灾害对社会、经济、生态系统等的综合分析确定的洞庭湖区洪涝灾害综合灾度划分标准，将洪涝灾害划分为五级，即巨洪涝灾、大洪涝灾、中洪涝灾、小洪涝灾和微洪涝灾，根据 AHP（层次分析法）结合专家评价以洪涝灾害对生态系统的制约程度为限制条件初步拟定各级洪涝灾害的权值：

$$W = [0.4, 0.3, 0.15, 0.1, 0.05]$$

(3) 毒性污染指数　在对毒性污染指数的研究中，分两种情况分别进行考虑，即重金属类毒性污染指数以及氮、磷毒性污染指数。

① 重金属类毒性污染指数。本案例选用的参比浓度为各种重金属对溞类的48半致死浓度（LC_{50}-48）。综合借鉴各研究成果可得各种重金属对溞类的LC_{50}-48：

$[Hg, Cu^{2+}, Cr^{6+}, Pb^{2+}, Zn^{2+}, Cd^{2+}] = [0.059, 0.150, 0.853, 0.051, 1.669, 0.043]$

所以，重金属类的毒性污染指数可定义为：

$$P_{HM} = \sum_{i=1}^{n} C_i / LC_{50i} (i = 1, 2, \cdots, n)$$

式中，P_{HM}为重金属类毒性污染指数；C_i为重金属污染物浓度，LC_{50i}为该类重金属对溞类的平均48半致死浓度；n为重金属种类。

② 氮、磷毒性污染指数。本案例利用外推的方法确定氮、磷对相应受体的毒性系数，从而得出对该受体毒性污染指数。氮、磷毒性污染指数可由下式获得：

$$P_{NP} = KC/(C_0 f_{NP})$$

式中，P_{NP}为氮、磷的毒性污染指数；C为污染物的实测浓度；C_0为污染物的标准浓度（该污染物的国家地面水环境质量标准二类标准）；f_{NP}为氮磷对受体的LC_{50}-48与标准浓度的比值，可参考重金属类的比值获得（计算值为32.3）；K为该污染物的毒性系数。

根据资料确定氮、磷的毒性系数分别为1.4和27，再将其代入上式即可求得氮、磷毒性污染指数。

(4) 脆弱性指数　将各区域各类生境所占比率与该类生境的脆弱性指数之积作为该生境的脆弱性指数。

$$F = \sum_{i=1}^{n} F_i S_i / S \quad (i = 1, 2, \cdots, n)$$

式中，F_i为各种生境的脆弱性系数；S为面积；n为生境类型数。

根据分析，分别对自然湿地与沼泽、池塘渠道、人工湿地、农用地及林地确定系数值：

$$F = [4, 2.5, 2, 0.5]$$

(5) 风险源的综合权重　根据所选择的生态风险评价指数见图6-1，结合AHP法对其进行加权，可得权值从左至右分别为：0.095，0.108，0.166，0.173，0.162，0.039，0.121，0.136。

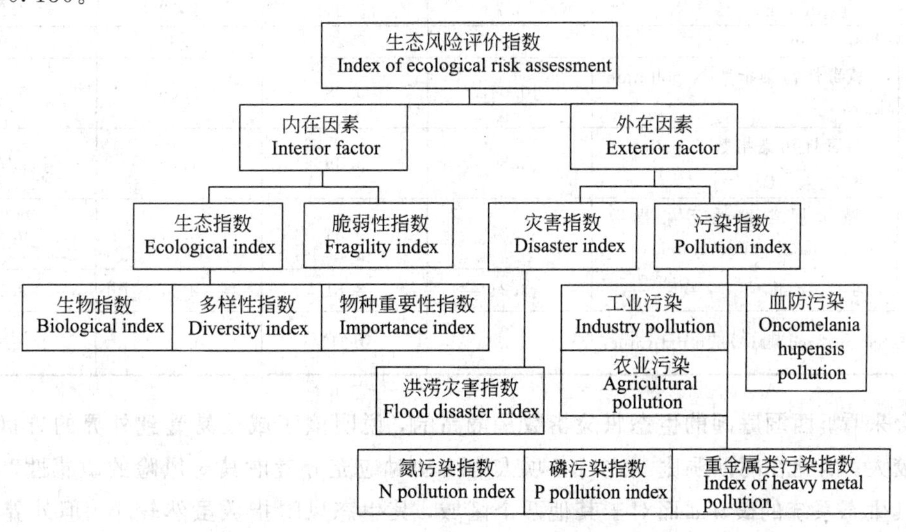

图6-1　洞庭湖流域生态风险评价指数图

(6) 生态风险评价　将各生境的各项生态风险指数按权值进行加权可得出最终的洞庭湖流域区域生态风险评价表（表 6-1)，表中列出了东、南、西洞庭湖及整个洞庭湖区取 3 部分平均值的各项生态风险评价指数。

由表可知，东、南、西三部分中以西洞庭湖的生物指数、物种重要性指数为最高，说明其目前的生态结构较为合理，其内的物种也较为珍稀，因此应注重对西洞庭湖区的保护以防止其生态环境的恶化。南洞庭湖区的多样性指数较高，说明南洞庭湖区物种较为丰富，应特别注意对生活在其中的珍稀及濒危物种进行保护。东洞庭湖区脆弱性较大，容易受到外界条件的干扰，因此更应避免东洞庭湖区及附近外界条件的改变以降低对其生态系统的影响，同时东洞庭湖区的灾害指数也较大，说明该区域经常受到洪涝灾害的影响，因此应在较低程度破坏其原有生境的基础上增加水利工程并加大地表覆盖率以降低洪涝灾害对生态系统的损害。南洞庭湖的毒性污染指数偏高，这主要是由于南洞庭湖的主要供水体为资江和湘江（湖南省最大的纳污水系），且由于附近各种化工厂、造纸厂等林立，排入的污染物量也不容忽视。从各风险源来看，洞庭湖流域生态系统的最大制约因素仍为洪涝灾害，紧随其后的即是污染物特别是磷的排入，具体说来，洞庭湖流域的氮污染并不十分严重，重金属类的毒性污染也非特别高，磷污染才是洞庭湖流域周边生态系统受损的最大污染源，加之磷毒性较高，因此其对生态系统的危害是不容忽视的。虽然这中间可能会存在一部分因选用外推法造成的指数偏高现象，但从纵向对比来看仍说明了整个洞庭湖区的磷污染较为严重，应予以重视。

表 6-1　洞庭湖流域区域生态风险评价表

项目		东洞庭湖 East part of Dongting Lake	南洞庭湖 South part of Dongting lake	西洞庭湖 West part of Dongting Lake	洞庭湖 Dongting Lake
生态指数 Ecological index	生物指数 Bio logical index	29	22	40	30.3
	多样性指数 Diversity index	2.54	3.67	3.24	3.15
	物种重要性指数 Importance index	19.1	19.4	40.9	26.5
脆弱性指数 Fragility index		3.7	3.04	2.88	3.21
灾害指数 Disaster index		12.4	7.29	7.31	8.96
污染指数 Pollution index	氮毒性污染指数 N pollution index	0.04	0.08	0.06	0.06
	磷毒性污染指数 P pollution index	2.80	3.39	1.94	2.71
	重金属类毒性污染指数 Heavy metal pollution index	0.37	0.34	0.47	0.39
	小计 Total	3.21	3.81	2.47	3.16
归一加权 Normalized and weigh ted values		0.333	0.311	0.356	—

综合来看，西洞庭湖的生态风险指数是最高的，说明该区域较易受到外界的干扰，且对其影响较大，因此在对西洞庭湖进行各项人为活动时应充分考虑其对风险的敏感性，尽可能降低对其生态系统的破坏；而对于其他两个区域，其生态风险指数虽然较小，但外界条件的变化对其的影响也不可忽视。

二、转基因作物的生态风险评价

随着转基因商品化进程的加快，对转基因作物释放的生态风险评估也日益引起人们的重视。转基因作物对土壤生态环境、土壤微生物群落结构和多样性的影响是转基因作物生态评价中很重要的内容（陆英等，2008），陆英等研究了转基因香蕉对根际土壤微生物的影响，研究案例如下。

选用的转基因植株是利用农杆菌 EHA105 把含有 Gus-NPTⅡ基因的质粒 pBI426 导入香蕉横切薄片，经过抗生素的选择获得的，未转基因香蕉植株作为对照。对土壤微生物测定结果如下。

1. 各生育期香蕉根际土壤微生物测定

为了探讨转基因香蕉植株是否对香蕉根际土壤微生物产生影响，定期对种植在大田中的转基因香蕉植株和对照植株根际土壤微生物进行培养，检测土壤中的 3 大微生物——真菌、细菌和放线菌。为了消除其他菌对培养菌的影响，采用了选择性培养基，其中细菌采用营养培养基、真菌采用虎红培养基、放线菌采用高氏 1 号培养基。每植株每种菌设 3 次重复，对各个时期转基因植株和对照植株的根际土壤微生物进行测定，结果见表 6-2。同时期比较转基因植株和对照植株根际土壤微生物的 3 种菌——细菌、真菌、放线菌在数目上没有显著差异，但是各个不同时期土壤中的微生物有较大的差异，这可能与水的灌溉、植株的生育期及土壤的温度有一定的关系。实验结果表明转基因植株对各个时期的香蕉根际土壤微生物没有影响。

表 6-2　不同时期香蕉根际土壤细菌、真菌、放线菌培养数量的比较

项目	细菌数量/($\times 10^{7}$)个			真菌数量/($\times 10^{4}$)个		
	苗期	成苗期	蕾期	苗期	成苗期	蕾期
对照植株根际土壤	4.2317±0.1740*a*	3.6175±0.2361*a*	2.89±0.1861*a*	5.3877±0.1814*a*	5.6133±0.0860*a*	5.2560±0.0480*a*
转基因植株根际土壤	4.073±0.1640*a*	3.6063±0.2481*a*	3.358±0.0453*a*	5.2047±0.0700*a*	5.4207±0.0069*a*	5.1703±0.0381*a*
项目	放线菌数量/($\times 10^{5}$)个					
	苗期	成苗期	蕾期			
对照植株根际土壤	11.1800±0.1406*a*	9.3580±0.0367*a*	11.3523±0.0353*a*			
转基因植株根际土壤	11.4073±0.0451*a*	9.3630±0.0281*a*	11.2333±0.0108*a*			

注：表中数据为 3 次重复的平均值±标准差；同一列后字母相同的表示在 5%的水平上差异不显著（DMRT 法），下表同。

2. 土壤微生物群落功能多样性分析

进一步用反应土壤微生物群落功能多样性的指数对两种土壤的微生物群落多样性作统计分析，土壤微生物群落功能多样性分析见表 6-3。结果显示转基因植株根际微生物的种群和对照植株根际土壤微生物的种群在 Shannon 指数、Shannon 均匀度、Simpson 指数、Mcintosh 指数和均匀度上没有显著差异，表明了转基因植株没有对根际土壤群落的结果和功能多样性产生影响。

表 6-3　土壤微生物群落多样性指数分析结果

土样	Shannon 指数	Shannon 均匀度	Simpson 指数	Mcintosh 指数	Mcintosh 均匀度
对照植株根际土壤	4.405±0.029*a*	0.977 ±0.001*a*	77.918 ±0.957*a*	3.168 ±0.104*a*	0.990 ±0.080*a*
转基因植株根际土壤	4.403 ±0.041*a*	0.974 ±0.007*a*	81.753 ±2.038*a*	3.024 ±0.021*a*	0.993 ±0.061*a*

三、入侵物种的生态风险评价

入侵植物生态风险评估具有重要的意义，据统计美国每年因生物入侵造成的经济损失有1000多亿美元（Pimenth等，2001）。目前我国已经有400多种入侵动植物，外来物种入侵造成的直接和间接经济损失每年达1100多亿元（万方浩等，2001）。入侵植物导致的危害往往发生在生态系统水平、景观水平及区域水平上，故其风险评价应是大范围的（韩丽和戴志军，2001）。Ruesink认为对外来种入侵风险评价应从有关外来种的定居特性、传播特性以及外来种的影响等方面人手（Ruesink等，1995）。李文增和陈光磊对入侵植物反枝苋的生态风险进行了评价（李文增和陈光磊，2009），案例如下。

1. 风险评估指标体系的构建

建立以下反枝苋风险评估指标体系（表6-4，引自李文增和陈光磊，2009）。

表6-4　反枝苋的风险评估指标体系

目标层(R)	准则层(R_i)	指标层(R_{ij})	备选参数
入侵植物反枝苋的风险R	入侵性R_1（反枝苋引入本地的可能性）	引入地的发生程度	发生面积
		引进途径	反枝苋由原产地进入本地的渠道及其利用价值
		防止措施	相关法律、政策、机构、技术措施的完备程度
	适生性R_2（反枝苋引入后建立种群的可能性）	适应能力	反枝苋对生态因子的适应范围，如对气候、土壤等的适应能力
		抗逆性	反枝苋对逆境如温度、水分、农药等的耐受能力
		气候适合度	气候相似度满足生长繁殖所需特殊条件的程度
		其他限制因子	其他限制反枝苋生存和繁殖的生态因子
	扩散性R_3（反枝苋种群传播、迁移、扩散的可能性）	生长速度	单位时间内反枝苋生物量的增加量
		繁殖能力	单位时间内反枝苋产生后代的数量
		扩散能力	反枝苋从一个生境转移至另一生境的能力
		适宜的气候范围	适合反枝苋生长和繁殖的气候带的面积
		其他限制因子范围	其他限制反枝苋生存和繁殖的生态因子的分布情况
		控制机制	控制反枝苋种群扩散的自然因素和人为措施
	危害性R_4（反枝苋对经济、环境和人体健康等方面已经或可能造成的不利影响）	经济重要性	反枝苋对农林业生产、贸易、旅游、交通运输造成的经济损失
		生态环境重要性	反枝苋对生态系统组成、结构和功能，物种多样性和遗传多样性的不利影响和危害
		人类健康重要性	潜在的患者人数、患者死亡率、患者治疗防护费用
		其他不利影响	除了经济、环境、人类健康外的不利影响

2. 风险等级的划分

《进境植物检疫危险性病、虫、杂草名录》（1992）和《进境植物检疫潜在危险性病、虫、杂草名录（试行）》（1997）中，对传染病以及（潜在）危险性病、虫、杂草都做了相关规定，具体情况见表6-5。

表6-5　外来物种风险等级的划分

综合评价值	风险级别	风险水平描述	对入侵地的影响	相应对策
0～1.2	五级	无危险	无入侵风险	可以引入，无须采取防范措施
1.2～2.0	四级	低度危险	入侵风险较低	可以引入，但应采取防范措施控制风险
2.0～2.7	三级	中度危险	入侵风险中等，危害特征符合三类动物疫病、丙类传染病、三类有害生物、常见杂草或一般杂草水平	禁止有意引入
2.7～3.2	二级	高度危险	入侵风险高，危害特征符合二类动物疫病、乙类传染病、二类有害生物或区域性恶性杂草水平	禁止有意引入
3.2～4.0	一级	极高危险	入侵风险极高，危害符合一类动物疫病、甲类传染病、一类有害生物或恶性杂草水平	禁止有意引入

3. 反枝苋的生物风险性评估

按照有害生物风险（危险性）分析（PRA）定量分析评估标准，表6-6对反枝苋的生态风险性进行了定量评估，其赋分值参照相关专家的评分（蒋青等，1995；刘海军等，2003）。

表6-6　反枝苋的生态风险性评估

序号	评判指标	评判标准	赋分值
1	国内分布状况(P_1)	国内无分布，$P_1=3$；国内分布面积占0～20%，$P_1=2$；占20%～50 %，$P_1=1$；大于50 %，$P_1=0$	1.6
2.1	潜在的经济危害性(P_{21})	据预测，造成产量损失达20%以上，和/或严重降低作物产品质量，$P_{21}=3$；产量损失在20 %～5 %，和/或有较大质量损失，$P_{21}=2$；产量损失在5 %～1 %，和/或有较小的质量损失，$P_{21}=1$；产量损失小于1 %，且对质量无影响，$P_{21}=0$	1.7
2.2	是否为其他检疫性有害生物的传播媒介(P_{22})	可传带3种以上的检疫性有害生物，$P_{22}=3$；传带2种，$P_{22}=2$；传带1种，$P_{22}=1$；不传带任何检疫性有害生物，$P_{22}=0$	0
2.3	国外重视程度(P_{23})	如有20个以上的国家把某一有害生物列为检疫对象，$P_{23}=3$；10～19个，$P_{23}=2$；1～9个，$P_{23}=1$；无，$P_{23}=0$	2.7
3.1	受害栽培寄主的种类(P_{31})	受害的栽培寄主达10种以上，$P_{31}=3$；5～9种，$P_{31}=2$；1～4种，$P_{31}=1$；无，$P_{31}=0$	2.6
3.2	受害栽培寄主的面积(P_{32})	受害栽培寄主的总面积达350万公顷以上，$P_{32}=3$；150万～350万公顷，$P_{32}=2$；小于150万公顷，$P_{32}=1$；无，$P_{32}=0$	1.4
3.3	受害栽培寄主的特殊经济价值(P_{33})	根据其应用价值、出口创汇等方面，由专家进行判断定级，$P_{33}=3,2,1,0$	1.8
4.1	截获难易(P_{41})	有害生物经常被截获，$P_{41}=3$；偶尔被截获，$P_{41}=2$；从未截获或历史上只截获过少数几次，$P_{41}=1$。因现有检验技术的原因，本项不设0级	2.0
4.2	运输中有害生物的存活率(P_{42})	运输中有害生物的存活率在40%以上，$P_{42}=3$；在10%～40%，$P_{42}=2$；在0～10 %，$P_{42}=1$；存活率为0，$P_{42}=0$	3.0

续表

序号	评判指标	评判标准	赋分值
4.3	国外分布广否(P_{43})	在世界 50 %以上的国家有分布,$P_{43}=3$;在 25 %～50 %,$P_{43}=2$;在 0～25 %,$P_{43}=1$;0,$P_{43}=0$	2.4
4.4	国内的适生范围(P_{44})	在国内 50 %以上的地区能够适生,$P_{44}=3$;在 25 %～50 %,$P_{44}=2$;在 0～25 %,$P_{44}=1$;适生范围为 0,$P_{44}=0$	2.8
4.5	传播力(P_{45})	对气传有害生物,$P_{45}=3$;由活动力很强的介体传播的有害生物,$P_{45}=2$;土传及传播力很弱的有害生物,$P_{45}=1$。该项不设 0 级	2.4
5.1	检验鉴定的难度(P_{51})	现有检验鉴定方法可靠性很低,花费时间很长,$P_{51}=3$;检验鉴定方法非常可靠且简便快速,$P_{51}=0$;介于两者之间,$P_{51}=2$,1	2.0
5.2	除害处理的难度(P_{52})	现有的除害处理方法几乎完全不能杀死有害生物,$P_{52}=3$;除害率在 50%以下,$P_{52}=2$;除害率在 50 %～100 %,$P_{52}=1$;除害率为 100 %,$P_{52}=0$	1.9
5.3	根除难度(P_{53})	田间防治效果差,成本高,难度大,$P_{53}=3$;田间防治效果显著,成本很低,简便,$P_{53}=0$;介于两者之间的,$P_{53}=2$,1	2.4

得出：

$$P_1=1.6$$

$$\begin{aligned}P_2&=0.6P_{21}+0.2P_{22}+0.2P_{23}\\&=0.6\times1.7+0.2\times0+0.2\times2.7\\&=1.56\end{aligned}$$

$$P_3=\max(P_{31},P_{32},P_{33})=\max(2.6,1.4,1.8)=2.6$$

$$\begin{aligned}P_4&=\sqrt[5]{P_{41}\times P_{42}\times P_{43}\times P_{44}\times P_{45}}\\&=\sqrt[5]{2.0\times3.0\times2.4\times2.8\times2.4}\\&=2.49\end{aligned}$$

$$P_5=(P_{51}+P_{52}+P_{53})/3=(2.0+1.9+2.4)/3=2.1$$

于是有：$R=\sqrt[5]{P_1\times P_2\times P_3\times P_4\times P_5}$

$=\sqrt[5]{1.6\times1.56\times2.6\times2.49\times2.1}$

$=2.02$

从上述赋值计算可以得出，入侵植物反枝苋的危险性 R 值为 2.02 ，表明反枝苋的危害符合三类有害生物的特征，其风险级别为三级，在中国是属于中度危险的常见杂草，是禁止人为引入的有害植物。

参 考 文 献

[1] 杨宇，石璇，徐福留，陶澍．天津地区土壤中萘的生态风险分析．环境科学，2004，25 (2)：115-118.

[2] 石璇，杨宇，徐福留，刘文新，陶澍．天津地区地表水中多环芳烃的生态风险．环境科学学报，2004，24 (4)：619-624.

[3] 王喜龙，徐福留，李本纲等．天津污灌区苯并 [a] 芘、荧蒽和菲生态毒性的风险表征．城市环境与城市生态，2002，15 (4)：10-12.

[4] 张颖，摆亚军，徐福留，陶澍，王路光，王靖飞，赵琪，田在．河北水库及湖泊沉积物中 DDT 农药的残留特征与风险评估．环境科学学报，2006，26 (4)：626-631.

[5] Pimenth D，Latchl，Zuniga R，et al. Environmental and economic costs of nonindigerous species in the United States. Biological Sciences，2001，50：53-65.

[6] 万方浩，郭建英，王德辉．中国外来入侵生物的现状、管理对策及风险评价体系．生物多样性与外来入侵物种管理国际研讨会论文集．北京：中国环境科学出版社，2001：77-102.
[7] 韩丽，戴志军．生态风险评价研究．环境科学动态，2001，(3)：7-10.
[8] Ruesinkj L. Reducing the risk of nonindigenou species introductions. BioScience，1995，45 (7)：465-477.
[9] 李文增，陈光磊．入侵植物反枝苋的生态风险性研究．安徽农业科学，2009，37 (12)：5628-5630.
[10] 蒋青，梁忆冰，王乃扬，姚文国．有害生物危险性评价的定量分析方法研究．植物检疫，1995 (4)：208-211.
[11] 刘海军，温俊宝，骆有庆．有害生物风险分析研究进展评述．中国森林病虫，2003，22 (3)：24-28.
[12] 卢宏玮，曾光明，谢更新，张硕辅，黄国和，金相灿，刘鸿亮．洞庭湖流域区域生态风险评价．生态学报，2003，(12)：2520-2530.
[13] 陆英，贺春萍，吴伟怀，范志伟．转基因香蕉植株对根际土壤微生物的影响．热带作物学报，2008，29 (1)：38-41.

思 考 题

1. 简述生态风险评价的原则。
2. 简述生态风险评价方案的设计。

农村环境的生态监测与评价

第一节　农村生态环境问题

一、农村环境

农村环境是以农民聚居地为中心的一定范围内自然及社会条件的总和，它包括农村的大气、水体、土地、光、热以及农业生产者劳动和生活的场所（农区、林区、牧区等）。农村不同于城市、城镇，它是一种聚落环境，这里人口较为稀疏，就组成生产系统的生产者、消费者和分解者三大类生物部分来说，生产者足够充分，多余的生产量也有足够的分解者进行分解。

农村环境兼有生产环境和生活环境的双重功能。一方面农村环境要素对农产品生产数量和质量起着决定性的作用；另一方面，人们的各种食物以及其他农副产品主要由农村提供，农村环境质量直接关系到广大农民和城市居民的生活条件，因此，农村环境是人类生存环境极为重要的组成部分，若农村环境遭受污染必然会带来一系列的农村环境问题，进而直接影响到人类的健康。

二、农村生态环境问题

在工业化、城市化和人口迅速增加的今天，我国农村环境面临两大问题：一是生态破坏问题，主要是指由于开发利用农村生态系统中的资源不当而导致该生态系统功能退化或质量下降的现象；二是由于工业和城市废弃物大量输入农村生态环境，以及农业本身集约化造成的化肥、农药、地膜污染和畜禽粪便污染等环境问题。随着我国农村资源的开发与经济的发展，农业生态环境问题逐渐加剧，并且不断蔓延，已经达到严重影响农业生产的程度。

1. 生态破坏问题

(1) 水土流失严重　我国是世界上水土流失最严重的国家之一。全国几乎每个省都有不同程度的水土流失，其分布之广，强度之大，危害之重，在全球屈指可数。我国的农业耕垦历史悠久，大部分地区自然生态平衡遭到严重破坏，森林覆盖率为12%，来自水利部的最近统计则显示，我国现有水土流失总面积多达356万平方公里，已占到国土面积的37.1%。

我国因水土流失而损失的耕地达5000多万亩，平均每年100万亩，其中，646个县水土流失严重。水土流失除造成土壤肥力下降、土地生产能力下降、粮食减产等直接危害外，同时对防洪和水库灌溉、供水也带来很大危害。据测算每年水土流失给我国带来的经济损失相当于GDP的2.25%左右，带来的生态环境损失更是难以估算。

(2) 水资源严重缺乏 中国是一个干旱缺水严重的国家。淡水资源总量为28000亿立方米，占全球水资源的6%，仅次于巴西、俄罗斯和加拿大，居世界第四位，但人均只有2200m^3，仅为世界平均水平的1/4、美国的1/5，在世界上名列121位，是全球13个人均水资源最贫乏的国家之一。人均可利用水资源量约为900m^3，并且由于工业废水的肆意排放，导致80%以上的地表水、地下水被污染。目前我国粮食生产因缺水，每年都会造成一定程度的减产，同时牲畜饮水困难问题也进一步加剧。

(3) 森林资源贫乏 我国现有森林1.337亿公顷，森林蓄积面积101.3亿立方米，仅占世界的4%，林木蓄积不足世界总量的3%，人均森林面积0.11hm^2，只有世界平均水平的1/6，人均森林蓄积量8.6m^3，只有世界平均水平的1/8。年人均消费木材0.22m^3，而世界平均0.65m^3。发达国家人均1.16m^3，比我国高出5倍多，差距是相当大的。同时，我国森林资源还存在着以下几方面的问题；①目前我国森林资源的分布不均衡，主要分布在东北、西南以及东南地区，华北和西北分布很少。②目前我国森林资源质量不高，幼林比重过大。③目前我国森林资源破坏严重、滥砍滥伐现象普遍，森林灾害较为频繁。

(4) 耕地问题严峻 可耕面积不足一直是中国农业面临最严峻的问题之一。中国是一个多山之国，山地和丘陵占土地的2/3，只有1/8可以用作耕地。我国的耕地后备资源少，并集中分布在西北和青藏的干旱、半干旱和高原地带。根据国土资源部发布的数据显示，截至2009年1月，全国耕地面积为18.25亿亩，和10年前相比，减少了1亿亩。全国人均耕地面积只有1.38亩，其中有9个省区人均耕地面积低于1亩，3个省区人均耕地面积低于0.5亩，已经低于联合国粮农组织确定的0.8亩的警戒线。在全世界26个人口超过5000万的国家中，我国人均耕地量仅比孟加拉国和日本略胜一点，排在倒数第三位。耕地减少的主要原因是城镇过快扩张、交通工业占地、农业结构的调整和乡镇集体及个人占地增加。

当我国采取多种措施应对耕地数量减少的时候，耕地质量的下降也引起了重视，这被称为"隐性的土地流失"。根据2009年3月国土资源部发布的《农用地等别调查与评定》中的数据显示，我国光、温、水、土匹配条件较好的高等级耕地极为短缺，只占全国耕地总面积的6%。而中低产田占90%以上，远远高于传统上认为中低产田占三分之二的比例，这主要是由于近年来工业化、城市化的过程中产生的生活污水和工业三废污染了大量土壤。2006年，原国家环保总局公布的数据显示，全国每年受污染耕地约有1.5亿亩，造成经济损失超过200亿元。与此同时，由于长期以来对土地重用轻养的粗放耕作方式，加上化肥的不平衡、不合理使用，致使我国土壤中有机质含量不断减少，缺氮、磷、钾土壤面积不断增加，耕地土壤板结退化，耕层变浅、耕性退化，保水肥能力下降。土地生产力下降直接影响农产品的品质和产量，降低作物抵御病虫害的能力。

(5) 土地荒漠化问题突出 我国荒漠化形势十分严峻，是世界上荒漠化最为严重的国家之一。我国荒漠化土地面积为262.2万平方公里，占国土面积的27.4%，近4亿人口受到荒漠化的影响，每年造成直接经济损失约为541亿人民币。在我国荒漠化土地中，以大风造成的风蚀荒漠化面积最大，占了160.7万平方公里。据统计，我国土地退化、沙化的面积仍在以每年3000多平方公里的速度继续扩展，相当于每年丧失一个中等县面积土地的生产力。

(6) 土壤盐渍化加剧　我国是土壤盐渍化严重的国家，20世纪90年代我国土壤盐渍化面积大约为700万～8000万公顷，并有持续扩大的趋势。我国土壤盐渍化土地主要集中在华北平原的缺水和地下水灌溉地区，如山东、河北、河南，以及西北干旱地区，如宁夏和内蒙古，其中以北京、天津、河北和山东的华北地区问题最为严重，该地区占全国土地面积不足4%，但该地区盐渍化土地却占全国盐渍化土地的30%。

2. 农业内外源污染

(1) 酸雨的危害　酸雨是pH值小于5.6的降水，5.6这个数值来源于蒸馏水跟大气中的CO_2达溶解平衡时的酸度。从我国酸雨的取样分析来看，硝酸的含量只有硫酸的1/10，这跟我国的燃料里含硫量较高有关。

酸雨可以使河流、湖泊等地表水酸化，污染饮用水源，危害渔业生产，使土壤酸化，并使土壤中铝离子增多，致使植物受害而生长不良，并能加速土壤矿物质营养元素的流失；改变土壤结构，导致土壤贫瘠化，影响植物正常发育；还能诱发植物病虫害，使作物减产。酸雨可使土壤微生物种群变化，细菌个体生长变小，生长繁殖速度降低，如分解有机质及其蛋白质的主要微生物类群芽孢杆菌、极毛杆菌和有关真菌数量降低，影响营养元素的良性循环，造成农业减产。特别是酸雨可降低土壤中氨化细菌和固氮细菌的数量，使土壤微生物的氨化作用和硝化作用能力下降，造成土壤微生物生态系统的混乱，影响生物固氮，对农作物大为不利。

(2) 乡镇企业三废对农业生产环境造成的影响　乡镇企业一般规模小、数量多、分布广、工艺落后、管理水平低，单位产品的能耗、物耗都很高，污染物排放量大，而且由于环保设施不配套，治理技术落后，对农村环境的污染更直接，危害也更大，突出表现在造纸、钢铁、建筑材料等工业的“三废”排放方面。据不完全统计，乡镇企业“三废”污染的农田面积大约在266万公顷，每年造成粮食损失约40亿公斤。所以，随着乡镇企业的发展，这些小企业“三废”的排放已成为农村与小城镇的主要污染源。

(3) 化肥流失对环境的危害　化肥是我国农业生产中促进增产的重要手段，对我国的粮食生产做出了巨大的贡献。1998年我国化肥使用量达3816万吨，居世界第一位，到2007年化肥使用量已达到4700万吨，但化肥利用率平均只有30%～35%，也就是说，每年有1400多万吨的化肥流入水体。这不仅造成巨大经济损失，而且对环境产生严重污染。土壤中的氮素化肥经反硝化作用产生的氧化亚氮可达平流层与臭氧作用，生产一氧化氮，使臭氧层遭到破坏；化学肥料施入土壤后，经土壤淋溶进入地下水、江河、池塘、湖泊等水体中，可导致水体富营养化；在土壤中施用的大量氮肥、氨肥可破坏土壤团粒结构，使土壤逐渐酸化，并为土壤引入大量非主要营养成分或有毒物质，抑制或毒害土壤微生物的正常活动，导致土壤生产力降低；而且，施用化肥过多的土壤会使谷物、蔬菜和牧草等作物中的硝酸盐偏高，蔬菜、牧草中的硝酸盐在贮藏、煮及腐烂过程中以及在动物胃中，在一些寄生菌还原的作用下都可以形成亚硝酸盐，食用后会引起人畜中毒。

(4) 农药流失对农业环境的影响　农药在治理农作物病虫害方面发挥了巨大的作用，但由于目前我国农药施用量的不断增加以及农药不易分解的特性，农药对我国的农业生态环境带来了许多不利的影响。农药使用后，只有10%～30%的量对生物产生作用，其余部分经迁移转化残留于土壤、水体及大气环境中，构成对环境的潜在危害。据统计，中国每年农药的使用面积达25亿亩以上，受农药污染的面积达2亿亩，占全国耕地面积的1/7以上，土壤的农药污染状况相当严重。农药对水体的影响包括对地表水的影响和对地下水的影响。通过对地表水的污染直接破坏了天然水产资源和饮用水的质量，影响人们的健康。在一些地下水位高或土壤砂性重的地区，农药则易渗入地下水造成对地下水的污染。而且农药通过污染食品、饮水和空气最终威胁着人类健康。

(5) 农用地膜污染　农用地膜因其具有增温、保肥和提高作物产量的作用，在农业上得到广泛应用，但随着地膜覆盖栽培的反复应用，地膜污染也越来越严重。这主要是因为地膜强度低、易破碎、难回收、不能自行分解，随着地膜栽培年限的延长，耕地土壤中的残膜量不断增加。调查数据显示，在长期使用地膜覆盖的农田中地膜残留量一般在60～90kg/hm^2，最高可达165kg/hm^2，地膜残留量每亩在4kg以上就可使农作物减产一成以上。残留的地膜不但给田间管理带来不便，而且还严重破坏土壤环境。由于大量农用残膜的存在，破坏了土壤的原有结构，使土壤失去了保水保肥特性，严重时会引起地下水难以下渗和土壤次生盐碱化等严重后果，造成农作物减产。同时，农用残膜还严重阻碍了农作物的生长发育。由于土壤结构的变化及土壤肥力水平的降低，造成农作物根系生长发育困难，影响正常的养分和水分的吸收，主要表现在种子发芽困难、生长势弱、抗逆性弱、产量低、品质差等方面。而农民清理出的地膜，由于无法处理，堆积于田间地头或房前屋后，大风天散布各处，造成严重的"白色污染"。农膜残留已成为当前农村重要的生态环境问题之一。

(6) 农村生活垃圾以及禽畜粪便污染　由于我国农村人口在我国总人口中占有较大的比例，农村生活垃圾约占我国生活垃圾总量的60%，而且，近年来伴随着我国禽畜养殖业的快速发展，禽畜数量迅速增加，我国每年产生的禽畜粪便在25亿～28亿吨左右，并且有进一步增加的趋势，致使农村生活垃圾以及禽畜粪便污染成为我国农村面源污染的主要来源。如果两者未经有效处理，会给环境带来一系列危害：①占用土地和污染农田生态环境。②污染土壤和水体。生活垃圾会在堆放过程中产生有毒废渣造成土壤和地下水污染，而畜禽粪便会通过直接排放和在堆放过程中因降雨或其他原因进入水体。③造成恶臭。④造成生物污染。因此，治理农村生活垃圾以及禽畜粪便污染是一个亟待解决的问题。

(7) 农产品污染　农药、化肥的不合理使用造成的农产品污染，给人畜的健康带来了直接的危害，直接影响了我国的食品安全。每年我国都会发生许多农药中毒事件，年均死亡率为9.95%。目前，我国在控制农药对农产品的污染方面与发达国家相比有很大的差距，农药残留的超标，不仅降低了我国农产品的质量，同时也给我国的农产品出口带来了不利的影响。

由面源污染造成有毒污染物质导入生长的作物或动物体的被动污染，与人为地在作物和动物生长过程中添加进污染物的主动污染两种情况并存，残留农药的蔬菜、含瘦肉精的猪肉、含有苏丹红的红心鸭蛋、在多宝鱼养殖过程中使用氯霉素以及孔雀石绿、硝基呋喃类等违禁兽药使得食品安全成为当今人们最关注的问题，威胁消费者的健康和生命，影响农产品的国际贸易，给种植养殖企业带来重大损失甚至导致破产。

(8) 农村水环境恶化　农村水环境是指分布在广大农村的河流、渠系、池塘等地表水、土壤水和地下水的总称。农村水环境是农村大地的血脉，对降雨、洪涝、干旱及生态与环境起着重要的调节作用，是农村生产生活不可缺少的基础条件。然而，近10多年来，大量水质超标的工业和城市生活废污水排向农村、用于农田灌溉；农村内部乡镇企业、畜禽养殖业和生活污水的增加以及农业面源污染的扩大，使全国农村水污染严重，水环境不断恶化。加之对农村水污染的治理一直不够重视，国家污染防治投资几乎全部投到工业和城市，而农村环保设施几乎为零，公共卫生设施跟不上发展的需要，所以，农村水环境污染事故时有发生，不仅直接威胁着居住在广大农村地区农民的身体健康，而且造成粮食减产，引发食品安全问题。

第二节 农村环境的生态监测

一、农村环境生态监测的基本含义与特征

农村环境的生态监测是以生态学原理为理论基础，运用可比的和成熟的方法，通过物理、化学、生化和生态学原理等各种技术手段，对农村生态环境中的各个要素、生物与环境之间的相互关系、生态系统结构和功能及其组合要素等进行系统测定和观察的过程。

农村环境的生态监测与传统的农村环境监测有明显不同，具有以下特征。

(1) 区域性　农村环境的生态监测应当在生态分区的基础上，对一定区域范围的农村生态系统进行监测。区域范围太小，获取的数据及信息可信度和可用性差。按照我国的实际状况，我们认为农村生态监测的区域范围至少应在乡级以上行政区域范围进行。

(2) 完整性　生态监测的目标之一是要为决策者提供全面综合生态经济规划所需信息，而不仅仅是环境规划的信息。因而，与常规的农村环境监测不同，农村生态监测是一种全方位的生态系统全过程监测，既包括生物及其相互关系的动态变化，也应当包括环境的动态变化以及社会经济状况的动态变化。

(3) 先进性　农村生态监测是农业环境保护和农业生态系统研究发展到一定阶段的必然要求，随着科学技术的进步，监测的手段、数据处理及信息传输等过程都要以先进的科技手段为基础。监测手段上除了常规的监测分析仪器外，还要利用遥感技术、生态图技术、区域生态调查技术及生态统计技术等，对农村环境的动态变化和空间分布格局及其在人类活动影响下的变化情况进行监测。

(4) 长期性　农村环境的生态监测要求能对所监测的区域农村生态系统的特征进行定点定位长期追踪监测，以便监测信息能够更为逼真系统的生态学过程，真实全面地反映农业生态系统的特征。我国以往的农业环境监测，由于经费、仪器设备、人员等条件所限，往往缺乏长期定点监测，一定程度上影响了监测信息的效用性。

(5) 包容性　由于农村环境的生态监测具有一定的区域性，同时从生态系统连续分布特点出发，作为农村生态系统组成体的农田、农用林、草地、渔业水域、农垦区域等就不可避免地相互镶嵌、相互联系，企图仅对某一块农田或草地进行生态监测是没有意义的。因此，上述组成体在农业生态监测过程中往往需要互为包容。

二、农村环境生态监测的目的和意义

① 为制定农村环境质量标准、评价农村环境质量状况和科学预测农村环境质量发展变化趋势服务。

通过监测数据及时、准确、全面地反映农村生态环境的质量状况及其变化规律，掌握环境污染物质在农、畜、水产品中的残留、蓄积动态，为制定农村环境质量标准提供科学依据。并通过长期积累农村环境定期、定位监测数据，进行系统的综合分析，掌握农村环境质量变化发展趋势，以利于主管部门及时调整农村环境保护政策，制定农村环境保护的战略目标和对策。

② 为编制农村环境规划、制定农村环境保护政策、法规提供科学依据。

准确地评价农村环境质量状况，掌握污染物质的时空分布特征，预测农村环境质量变化规律，是编制农村环境保护年度计划和中、长期规划的基础。通过对农业环境质量状况进行系统、全面分析，确定污染危害产生的原因、程度及污染途径，在环境分析、经济分析的基础上，制定有利于保护农村自然资源、改善农业环境的政策、法规，为依法管理农村环境提供决策服务。

③ 发现污染问题，探明污染原因，确定污染物质，为开展农村环境污染综合防治、保护农村环境和居民身体健康服务。

通过对农村生态系统的结构特征和能量流动、物质循环、信息传递过程进行监测，看它是否处于良性循环状态，以便及时采取调控措施，保证农村生态系统的有序运行。

三、农村环境生态监测计划的设计

生态监测体系的设计是在明确监测对象及监测范围的基础上，首先确定监测的目标和任务，以此为出发点，确定监测的项目、内容、层次结构、监测周期、监测系统中的变量以及变量指标体系。在此基础上，研究确定监测方法和技术实现途径，进而建立相应的信息系统。所以，以此为依据确定农村环境生态监测计划的设计大体包含以下几点：农村环境问题的提出，生态监测台站的选址，农村环境生态监测的内容、方法及设备，农村生态系统要素及监测指标的确定，监测场地、监测频度及周期描述，数据的整理（观测数据、实验分析数据、统计数据、文字数据、图形及图像数据），建立数据库，信息或数据输出，信息的利用（编制生态监测项目报表，针对提出的生态问题建立模型、预测预报、评价和规划、政策规定）。

1. 农村环境生态监测的指标体系

农村环境生态监测的指标体系主要指一系列能敏感清晰反映农村生态系统基本特征及农村生态环境变化趋势并相互印证的项目，是农村环境生态监测的主要内容和基本工作。

（1）建立农村环境生态监测指标体系的原则

① 广普性和地域性相结合。我国幅员辽阔，自然条件差异大，经济发展不平衡，各地地理、气候、生产力发展状况各不相同，农村生态系统也有着各自的特点。指标体系既要考虑在全国范围内的广泛适用性，同时也要兼顾不同区域的实际情况，因地制宜，灵活调整。

② 完整性和可操作性相结合。生态监测是一个区域性的大面积调查工作，要求调动大量的人力、物力和财力，如果把所有反映生态系统环境特征的指标都列入监测范围，无疑在经费开支、人员配置等方面都难以办到。因此，所选择的指标既要能全面反映生态系统环境特征，有高度的概括性和综合性，同时也是容易操作的，具有典型的代表性。

③ 敏感性与可比性相结合。所选取的监测指标要对农村特定的环境污染敏感，并以结构和功能指标为主反映生态过程变化，同时该指标在同类生态系统不同区域或不同发育阶段也要具有可比性。

④ 动态和静态相结合。静态指标主要用来对农村生态系统的环境现状进行评价，以便对层

次相同的不同生态系统在同一时段上进行比较，但由于农村发展是一个动态过程，是一个区域在一定的时段内社会经济与资源环境在相互影响中不断变化的过程，只有对系统在不同时段的结构和功能进行综合评价和比较，才能揭示系统的发展趋势，所以动态指标的选择是必不可少的。

(2) 农村环境生态监测的指标体系的具体内容 农村环境生态监测要求反映农村生态系统结构、功能和效益的变化以及人类胁迫对农村环境的影响。因此将农村环境生态监测的指标体系分为生境资源类、生物状况类和人类社会影响三类。人类社会影响类包括两部分，即社会经济部分和生态环境污染部分。生境资源类能够表明一定区域农村生态系统所处的区域生态环境特征和资源特点，包括大气、水、土壤、气候、景观等方面；生物状况类能够表明一定区域的农村生态系统的生物组分的结构和功能，包括目标生物（如农产品等）和非目标生物；人类社会影响类能够表明一定区域农村生态系统的社会经济发展水平、发展潜力等特性，以及社会经济的发展对农村生态环境造成的巨大压力。具体监测指标体系见表7-1。

表7-1 农村环境生态监测的指标体系

监测项目	要素	具体指标
生境资源类	大气	大气背景值、降雨pH
	土壤	土壤类型、土壤元素背景值、土壤质量(肥力、水分、质地、厚度)
	土地资源	土地总面积、草原面积、农田面积、可利用水域面积、可利用山地丘陵面积、可利用滩涂面积、可利用湿地面积
	水	地表水状况、地表水径流量、地下水位动态、地下水储量、地下水水质、水资源总量、可利用水资源总量、农业用水总量、灌溉用水量
	气候	积温、年日照时数、年降水量、降水分布均匀度、灾害性天气日数、蒸发量、常年风速、辐射强度
	景观	绿地覆盖率、人均绿地面积、农区土地与植被的比例、生态斑块破碎度、景观和旅游资源的保护程度
生物状况类	目标生物	粮食作物播种面积比例，经济作物播种面积比例，饲料作物播种面积比例，农业用地构成，草食动物占畜禽总数的比例，初级生产光能利用率，饲(饵)料能量转化率，饲(饵)料物质转化率，农田生产力，草地生产力，渔业生产力，土壤氮、磷、钾输入输出平衡指数
	非目标生物	植被结构、群落空间结构、群落营养结构、物种生态位、物种多度、生物多样性、系统稳定性、生物生产量
人类社会影响类	社会经济部分	农业总人口、农业劳动力数、人口密度、每万农业人口农技人员数、城市化水平、单位耕地农业机械总动力、人均农畜水产品、人均工农业总产值、人均纯收入、人均耕地占有面积、各业产值构成、资金产投比、生物能消耗量占总生活能消耗量的比例、农畜水产品商品率、农村恩格尔系数、农业剩余劳动力转移率、人口自然增长率、劳动生产率、环境保护宣传教育普及率
生态环境污染	土壤	土壤质量指数、化学农药的使用面积、化学农药的单位面积使用量、化肥的使用面积、化肥的单位面积使用量、塑料地膜使用面积、塑料地膜的单位面积残留量、废渣排放量、废渣占地面积、土壤微生物种群及数量变化情况、土壤酶类与活性、水土流失率、土壤有机质升降变化率、耕地损失指数、低产田改造率、秸秆还田率、基本农田保存率、土地沙化盐渍化变化率
	水体	水质量指数、水资源利用率、废水排放总量、废水处理率、废水处理达标率、水量保证率、水面面积变化率、农田灌溉指数
	大气	大气质量指数、废气排放总量、废气治理率、粉尘处理率、烟尘处理达标率
	生物	农产品质量指数、农副产品污染超标率、林草覆盖率指数、林草覆盖率、草场载畜量指数、捕捞强度
	其他	清洁能源占农村能源的百分率、综合防治病虫害面积占总面积的百分数、系统抗灾能力

注：部分引自王洪庆，1996。

对上述农村环境生态监测的部分指标的内涵释义如下。

① 大气质量指数。参评因子：二氧化硫、氮氧化物、总悬浮微粒、氟化物。

② 水质量指数。参评因子：pH 值、氨氮、铅、砷、汞、镉、氯化物、氰化物、溶解氧、COD、BOD_5、氟化物、细菌总数、大肠菌群。

③ 土壤质量指数。参评因子：pH 值，土壤农药、重金属及其他有毒物质积累量，如铅、砷、汞、铬、镉、六六六、DDT。

④ 农产品质量指数。参评因子：动植物体、植物果实或种子中农药、重金属、亚硝酸盐等有毒物质的含量，如铅、砷、汞、铬、镉、六六六、DDT。

以上质量指数均采用内梅罗综合污染指数法求得。

⑤ 林草覆盖率指数＝当地林草覆盖率/当地林草覆盖率目标值

其中，林草覆盖率＝（有林草地面积/总土地面积）×100％

林草覆盖率目标值＝70％×当地山区面积比例＋40％×当地丘陵面积比例＋10％×当地平原面积比例

⑥ 水量保证率＝该区域本年度实际供水量/该区域本年度期望供水量×100％

⑦ 农田灌溉指数＝灌溉农田面积/总农田面积

⑧ 草场载畜量指数＝草场实际载畜量/草场理论载畜量

以上指标反映系统内生态环境状况及资源可利用程度。

⑨ 水土流失率＝(土地流失总面积/土地总面积)×100％

⑩ 土壤有机质升降变化率＝[(本年度土壤有机质平均含量－上年度土壤有机质平均含量)/上年度土壤有机质平均含量]×100％

⑪ 耕地损失指数＝多年平均耕地减少面积/耕地总面积

⑫ 土地沙化盐渍化变化率＝[(上年度土地沙化盐渍化面积－本年度土地沙化盐渍化面积)/上年度土地沙化盐渍化面积]×100％

⑬ 水面面积变化率＝[(上年度水面面积－本年度水面面积)/上年度水面面积]×100％

⑭ 捕捞强度＝每年实际捕捞量/每年允许捕捞量

⑮ 农副产品污染超标率＝[(农副产品污染物含量/允许的污染物含量)－1]×100％

以上指标反映生态环境恶化状况及治理改善程度。

⑯ 废水处理率＝(经过处理的废水量/废水排放总量)×100％

⑰ 废水处理达标率＝(经处理达标的废水量/废水排放总量)×100％

⑱ 废气治理率＝(经过处理的废气量/废气排放总量)×100％

⑲ 粉尘处理率＝(经过处理的粉尘量/粉尘排放总量)×100％

⑳ 烟尘处理达标率＝(经处理达标的烟尘量/烟尘排放总量)×100％

㉑ 废渣治理率＝(经过处理的废渣量/废渣排放总量)×100％

以上指标反映工矿企业对生态环境的影响。

㉒ 化学农药的使用面积。

㉓ 化学农药的单位面积使用量。

㉔ 化肥的使用面积。

㉕ 化肥的单位面积使用量。

㉖ 塑料地膜使用面积。

㉗ 塑料地膜的单位面积残留量。

以上指标反映农用化学物质的大量施用对环境带来的影响。

㉘ 综合防治病虫害面积占总面积的百分数=(生物防治与化学防治病虫害面积之和/农田总面积)×100%

㉙ 清洁能源占农村能源的百分率=(清洁能源开发利用量/农村能源总量)×100%

清洁能源包括太阳能、风能、生物能、地热能、潮汐能。

㉚ 低产田改造率=(低产田改造面积/低产田总面积)×100%

㉛ 秸秆还田率=(秸秆还田量/秸秆总量)×100%

以上指标反映生态建设中积极因素的采纳、推广程度。

㉜ 系统抗灾能力用系统内产量变动率[=(某年粮食单产量-几年粮食单产量)/某年粮食单产量]表示。

该指标反映系统的稳定程度。

㉝ 农民人均纯收入(元):指农民的人均年纯收入。

㉞ 人均畜禽(蛋奶)渔产量(kW/人):系统当年畜禽(包括蛋、奶)渔总产量除以总人口的值。

㉟ 农村恩格尔系数(%):当年农民食品支出占总消费支出的比例。

㊱ 城市化率(%):以非农业人口与全部人口的比例来表示。

㊲ 万人农业科技人员数(人/万人):以每万人拥有的农业科技人数表示。

㊳ 农业剩余劳动力转移率(%):转向工业、建筑业、第三产业等的农业劳动力人数占全体农业劳动力总人数的比值。

㊴ 人口自然增长率(知):指年内净增人口数(年内出生总人数减死亡人数)占总人口的比例。

㊵ 单位耕地面积农业机械总动力(kW/公顷):以当年农业机械总动力除以总的耕地面积表示。

㊶ 劳动生产率(元/人):指单位农业劳动力的年产值,用系统农村社会总产值除以总的农业劳动力人口计算。

㊷ 粮食作物单产(公斤/亩):指单位面积耕地上生产的粮食年产量。

㊸ 人均耕地占有面积:为耕地总面积除以农业人口数。

该指标反映农村社会经济发展水平和农民生产生活状况。

2. 农村环境生态监测的方法与技术

(1) 农村环境生态监测的方法　根据监测的对象和指标的不同，农村环境生态监测的方法也多种多样，对于同一指标也可采取多种监测方法进行定性或定量分析。在确定具体的生态监测方法时要遵循一个原则，即尽量采用国家标准方法，若无国家标准或相关的操作规范，尽量采用该学科较权威或大家公认的方法。一些特殊指标可按目前生态站常用的监测方法。目前，对于常规的生态监测指标，一般都有较成熟的监测方法，包括国家环保部颁布的有关规范和方法以及各行业常用的监测分析方法。

在农村环境生态监测中，目前主要采用理化方法分析大气、土壤、水体的常规监测指标和污染物含量等，而生物和生态的方法尚未得到广泛的应用。但对于全面反映农村生态破坏和环境污染问题来说，生物和生态的方法的使用是十分必要的。如对于土壤污染来说，可利用一些对农药、重金属等较为敏感的动植物进行监测或通过测定污染物进入土壤前后的微生物种类、数量、生长状况及生理生化变化等特征来监测污染程度；对于灌溉水体的生态监测，除了测定水体理化指标，还可测定水体中的粪大肠菌群数、蛔虫卵数、灌溉水体中的植物染色体变异及水体中水生生物的有毒有害物残留等。

(2) 农村环境生态监测的技术 农村环境的生态监测技术包括地面监测和遥感监测两种。

在农村环境的生态监测中多采用地面监测技术观测或调查农村生态系统的气象、水文、植被类型、土壤特征、农田生产力、种群密度及生长、生态系统过程与格局、水土流失、土地退化、环境污染以及社会经济的基本情况等。但近几年，遥感监测手段也广泛应用于农村环境的生态监测中。农业遥感是一项实用性很强的高新技术。遥感、地理信息系统、全球定位系统和网络技术等高新技术的集成式应用，结合地面调查数据，可以快速准确地监测主要农作物的面积、长势与产量；监测耕地、草地、海洋渔业资源环境等主要农业资源的数量与质量变化；监测并评价旱灾、水灾等主要农业自然灾害对农业的影响。利用农业遥感技术进行动态监测，不同于传统的地面统计调查，具有十分鲜明的特点。

① 具有空间大尺度的特点。卫星在距离地面几十公里到数百公里的高空拍摄，其卫片范围可达数千到数万平方公里不等，这便为解决大范围的农业资源调查、农作物估产和灾情监测提供了便利条件。

② 具有快速准确的特点。结合地理信息系统和全球定位系统等其他现代高新技术，遥感技术可以实现信息收集和分析的定时、定量、定位，客观性强，不受人为干扰，能够快速准确地提供农业资源和农业生产的信息，方便决策。在农业发展的新阶段，运用遥感这一先进技术开展农业监测工作，将促使农业决策科学化提高到一个新的水平，同时也将为农业生产提供高质量的服务。

③ 具有周期性、可重复性的特点。利用卫星对地面的重复拍摄，可以周期性监测资源状况的变动、农作物生长状况和水旱灾情的变化，并且利用数据库和卫片的叠加、相减技术，可以进行间隔性的分析。目前，定点卫星对地面的重复拍摄能力可以达到半小时左右，最短可以达到5分钟，气象卫星的重复观测频率可以达到每天一次，极轨资源卫星对同一地区的重复观测周期大约为16～26天之间。

④ 具有成本低的特点。在一次性解决遥感监测的设施设备以后，运行期间的费用主要是购置卫片、计算机解译处理和地面调查与验证等费用。随着卫星遥感产业化的发展，卫片价格已有较大幅度的下降，可以较小的投入获得监测信息源。遥感监测也不需要庞大的组织结构，只要有一定数量的计算机（包括必要的软件）和经过培训能熟练判读卫片的工作人员，即可快速准确获取所需要的监测信息。

3. 农村环境生态监测的监测点布点原则与方法

农村环境的生态监测可根据《农田土壤环境质量监测技术规范》（NY/T 395—2000）、《农用水源环境质量监测技术规范》（NY/T 396—2000）、《农区环境空气质量监测技术规范》（NY/T 397—2000）、《农、畜、水产品污染监测技术规范》（NY/T 398—2000）中提出的监测点布点原则与方法进行布点，对农村环境进行定点、长期监测。

(1) 农村土壤监测点布点原则与方法 [《农田土壤环境质量监测技术规范》（NY/T

395—2000)]

① 区域土壤背景点布点原则与方法

a. 区域土壤背景点布点是指在调查区域内或附近，相对未受污染，而母质、土壤类型及农作历史与调查区域土壤相似的土壤样点。

b. 代表性强、分布面积大的几种主要土壤类型分别布设同类土壤的背景点。

c. 采用随机布点法，每种土壤类型不得低于3个背景点。

② 农田土壤监测点布点原则与方法。农田土壤监测点是指人类活动产生的污染物进入土壤并累积到一定程度引起或怀疑引起土壤环境质量恶化的土壤样点。

布点原则应坚持哪里有污染就在哪里布点，把监测点布设在怀疑或已证实有污染的地方，根据技术力量和财力条件，优先布设在污染严重、影响农业生产活动的地方。

a. 大气污染型土壤监测点。以大气污染源为中心，采用放射状布点法。布点密度由中心起由密渐稀，在同一密度圈内均匀布点。此外，在大气污染源主导风下风方向应适当增加监测距离和布点数量。

b. 灌溉水污染型土壤监测点。在纳污灌溉水体两侧，按水流方向采用带状布点法。布点密度自灌溉水体纳污口起由密渐稀，各引灌段相对均匀。

c. 固体废物堆污染型土壤监测点。地表固体废物堆可结合地表径流和当地常年主导风向，采用放射布点法和带状布点法；地下填埋废物堆根据填埋位置可采用多种形式的布点法。

d. 农用固体废弃物污染型土壤监测点。在施用种类、施用量、施用时间等基本一致的情况下采用均匀布点法。

e. 农用化学物质污染型土壤监测点。采用均匀布点法。

f. 综合污染型土壤监测点。以主要污染物排放途径为主，综合采用放射布点法、带状布点法及均匀布点法。

(2) 农用水源监测点布设［《农用水源环境质量监测技术规范》(NY/T 396—2000)］

① 监测点布设原则。农用水源环境监测的布点原则要从水污染对农业生产危害出发，突出重点，照顾一般。按污染分布和水系流向布点，“入水处多布，出水少布，重污染多布，轻污染少布”，把监测重点放在农业环境污染问题突出和对国家农业经济发展有重要意义的地方。同时在广大农区进行一些面上的定点监测，以发现新的污染问题。

② 监测点布设方法

a. 灌溉渠系水源监测布点方法

(a) 对于面积仅几公顷至几十公顷直接引用污水灌溉的小灌区，可在灌区进水口布设监测点。

(b) 在具备干、支、斗、毛渠的农田灌溉系统中，除干渠取水口设监测点以便了解进入灌区水中污染物的初始浓度，在适当的支渠起点处和干渠渠末处以及农田退水处设置辅助监测点，以便了解污染物质在干渠中的自净情况和农田退水对其他地表水的污染可能性，但注意尾水或退水监测必须设在其他水源进入该水流系统的上游处。

b. 用于灌溉的地下水水源监测布点方法。在地下水取水井设置监测点，隔年取样进行监测。

c. 影响农区的河流、湖（库）等水源监测布点方法

(a) 大江大河的水源监测已由国家水利和环保部门承担，一般可引用已有监测资料。当河水被引用灌溉农田时，为了监测河水水质情况，至少应在灌溉渠首附近的河流断面设置一个监测点，进行常年定期监测。

(b) 以农灌和渔牧利用为主的小型河流，应根据利用情况，分段设置监测断面。在有污水流入的上游、清污混合处及其下游设置监测断面和在污水入口上方渠道中设置污水水质监测点，以了解进入灌溉渠的水质及污水对河流水质的影响。

(c) 监测断面设置方法。对于常年宽度大于 30m、水深大于 5m 的河流，应在所定监测断面上分左、中、右 3 处设取样点，采样时应在水面下 0.3～0.5m 处和距河底 2m 处各采水样 1 个分别测定；对于小于以上水深的河流，一般可在确定的采样断面的中点处，在水面下 0.3～0.5m 处采 1 个样即可。

(d) $10hm^2$ 以下的小型水面，如果没有污水沟渠流入，一般在水面中心设置 1 个取样断面，在水面下 0.3～0.5m 处取样即可代表该水源水质，如果有污水流入，还应在污水沟渠入口上方和污水流线消失处增设监测点。

(e) 对于大于 $10hm^2$ 的中型和大型水面，可以根据水面污染实际情况，划分若干片按上述方法设点。对于各个污水入口及取水灌溉的渠首附近水面也按上述方法增设监测点。

(f) 为了了解底泥对农田环境的影响，可以在水质监测点布设底泥采样点。

d. 污（废）水排放沟渠的监测布点。连续向农区排放污（废）水的沟渠，应在排放单位的总排污口处以及污水沟渠的上、中、下游各布设监测取样点，定期监测。

③ 布点注意事项

a. 选择河流断面位置应避开死水区，尽量在顺直河段、河床稳定、水流平稳、无急流湍滩处，并注意河岸情况变化。

b. 在任何情况下，都应在水体混匀处设点，应避免因河（渠）水流急剧变化搅动底部沉淀物引起水质显著变化而失去样品代表性。

c. 在确定的采样点和岸边选定或专门设置样点标志物，以保证各次水样取自同一位置。

④ 监测点数量

a. 灌溉渠系水质监测点数量

(a) 对于面积仅为几公顷至几十公顷直接引用污水灌溉的小灌区，在灌区进水口布设 1 个基本监测点。

(b) 在具备干、支、斗、毛渠的农田灌溉系统中，布设 5 个以上基本监测点。

b. 河流、湖（库）等水源监测点数量

(a) 当河流用来引用灌溉农田时，在渠首附近设置 1 个断面。如有污水排入河段，在排污口上方污水渠设 1 个监测点，并在污水入口的上游、清污混流处及下游河道各设置 1 个断面。

(b) $10hm^2$ 以下的小型水面，在水中心设置 1 个监测点，如有污水流入，在污水入口和污水流线消失处各设 1 个监测点。

(c) 大于 $10hm^2$ 的中型和大型水面，布设 5 个以上的监测点，如有污水流入，在污水入口和污水流线消失处各布设 1 个监测点。

c. 用于灌溉农田的地下水监测点数量。一般在机井的出水口布设 1 个监测点。

d. 污（废）水排放沟渠监测点数量。在污（废）水排放沟渠上、中、下游和排污口各布设1个监测点。

(3) 农区环境空气质量监测点布设［《农区环境空气质量监测技术规范》（NY/T 397—2000）］

① 监测点布设原则

a. 监测点的布设应具有较好的代表性，所设置的监测点应反映一定范围地区的大气环境污染的水平和规律。

b. 监测点的设置应考虑各监测点的设置条件尽可能一致或标准化，使各个监测点所取得的数据具有可比性。

c. 监测点的设置应充分满足国家农业环境监测网络的要求，特殊点位应达到该点位的设置特殊性的要求。

d. 农区大气环境监测点布设要考虑区域内的污染源可能对农区环境空气造成的影响，考虑自然地理、气象等自然环境要素，以掌握污染源状况，反映该区域环境污染水平为目的。

e. 监测点的位置一经确定不宜轻易变动，以保证监测数据的连续性和可比性。

f. 污染事故应急监测布点原则为哪里有污染就监测哪里，监测点应布设在怀疑或已证实有污染的地方，同时考虑设置参照点。

g. 对交叉型多途径大气环境污染和随时间变化污染程度变化明显的特殊情况要特殊考虑（如增设监测点、增加监测项目或采样频次等）。

② 监测点布设方法和具体要求

a. 监测点位置的确定应先进行周密的调查研究，采用间断性监测等方法对监测区域内环境空气污染状况有粗略的了解后，再选择确定监测点的位置。

b. 监测点的周围应开阔，采样口水平线与周围建筑物高度的夹角应不大于30度，测点周围无局部污染源并避开树木及吸附能力较强的建筑物。距装置5～15m范围内不应有炉灶、烟囱等，远离公路以消除局部污染源对监测结果代表性的影响。采样口周围（水平面）应有270度以上的自由空间。

c. 监测点的数据一般应满足方差、变异系数较小的条件，对所测污染物的污染特征和规律较明显，数据受周围环境因素干扰较小，同时也要求选择一个方差较大、影响因素主要来源于大区域污染源、非局部地影响的点。

d. 监测农区环境空气污染的时空分布特征及状况用网格布点法。对于空旷地带和边远地区应适当降低布点的空间密度，在污染源主导风向下风方位应适当加大布点的空间密度。

e. 污染事故应急监测布点方法，参照《大气污染物综合排放标准》和《固定污染源排气中颗粒物测定与气态污染物采样方法》。无组织排放按照《大气污染物综合排放标准》附录C无组织排放监控点设置方法执行。烟囱或排气管道排出的气态或气溶胶污染物对农区环境空气产生的影响，用同心圆轴线法或扇形法进行布点。对于污染因素复杂的区域，应采用随机布点法。

(4) 农、畜、水产品污染监测点的布设［《农、畜、水产品污染监测技术规范》（NY/T 398-2000）］

① 布点数量。当农作物监测和土壤监测同时进行时，在农作物样点数和采样点位尽可

能与土壤样点数和采样点位保持一致的前提下，监测样点数可酌情减少。当单一进行农作物监测时，农作物监测的布点数量要根据调查目的、调查精度和调查区域环境状况等因素确定，一般要求每个监测单元最少应设3个点。

② 布点方法

a. 区域农作物类背景点（对照点）布点原则与方法。区域农作物类背景点布点是指在调查区域内或附近，相对未受污染，且耕作制度、农作历史与调查区域相似的地块上所采集的农作物样点。布点要求：代表性强、分布面积大的几种主要农作物污染类型分别布设同类农作物背景点；采用随机布点法，每种农作物污染类型不得低于3个背景点。

b. 农作物类监测点布点原则与方法。农作物类监测点布设应坚持哪里有污染就在哪里布点的原则。把监测点布设在怀疑或已证实有污染的地方，根据经济和技术力量条件，布点应优先照顾农作物污染严重、影响大的粮食主要产区及商品生产基地。

监测点布设的重点应是：污水或污染水灌溉的地块；厂矿企业和乡镇周围的地块；大量堆放工业废渣、城市垃圾地点周围的地块；长期受工业废气和粉尘影响的地块；大量使用农用化学物质的地块；长期使用污泥、城市垃圾、固体废物及以废物为原料制成的肥料的地块。

农作物类监测点的布设要根据监测区域污染类型而定，具体要求如下。

(a) 大气污染型监测区农作物监测点。以大气污染源为中心，采用放射状布点法。布点密度由中心起由密渐稀，在同一密度圈内均匀布点。此外，在大气污染源主导风下风方向应适当增加监测距离和布点数量。

(b) 灌溉水污染型监测区农作物监测点。在纳污灌溉水体两侧，按水流方向采用带状布点法。布点密度自灌溉水体纳污口起由密渐稀，各引灌段相对均匀。

(c) 固体废弃堆污染型监测区农作物监测点。结合地表径流和当地常年主导风向，采用放射布点法和带状布点法。

(d) 农业污染型监测区农作物监测点。在施用种类、施用量、施用时间等基本一致的情况下采用均匀布点法。

(e) 综合污染型农作物监测点。以主要污染物排放途径为主，综合采用放射布点法、带状布点法及均匀布点法。

第三节　农村环境的生态评价

一、农村环境生态评价的基本含义

农村环境的生态评价是应用生态学、环境科学、系统科学等学科的理论、技术和方法，在特定的时间和空间范围内，从生态系统层次上分析农村生态环境对人类生存及社会经济持续发展的适宜程度或环境污染对农村生态系统的影响。进行农村环境的生态评价是协调农村社会经济发展与环境保护关系的需要，也是制定农村环境发展规划和实施农村生态系统科学管理的基础。

二、农村环境生态评价的目标和任务

1. 农村环境生态评价的目标

农村环境生态评价的目标主要有以下几点：

① 从生态完整性的角度评价农村生态环境质量现状，注重农村生态系统结构与功能的完整性。

② 从生态稳定性的角度评价农村生态系统承受干扰的能力以及受干扰后的恢复能力。

③ 从能量流动和物质循环的角度评价农村生态系统功能状况及变化趋势。

2. 农村环境生态评价的任务

农村环境生态评价的主要任务是认识农村生态环境的特点与功能，明确人类活动对农村生态环境影响的性质、程度，制定为维持农村生态环境功能和自然资源可持续利用而采取的对策和措施，主要包括保护农村生态系统的完整性，保护农村生物多样性，保护农村生态环境，合理利用、保护与改善农村自然资源等。

三、农村环境生态评价的指标体系

1. 指标体系选择原则

鉴于农村生态系统的复杂性，生态评价的多属性、多标准和多层次等特点，农村环境生态评价的指标体系应满足以下几个方面。

① 科学性、系统性和可操作性。

② 简明性、动态性和可比性。

③ 指标体系应充分反映农村环境的综合状况，既侧重于生态环境方面的指标，还包括经济衡量指标、社会发展指标和综合衡量指标。

2. 指标筛选的方法

农村环境生态评价多采用理论分析法、频度统计法、专家咨询法三种方法来筛选指标，以满足科学性和完备性原则。理论分析法是对农村环境的内涵、特征进行分析综合，选择那些重要的代表性指标；频度统计法是对目前有关农村环境生态评价的研究报告、论文进行频度统计，选择那些使用频度较高的指标；专家咨询法是在初步提出评价指标的基础上，征询有关专家的意见，对指标进行调整。为使指标体系具有可操作性，需要进一步考虑被评价区域的自然环境特点和社会经济发展状况，考虑指标数据的可得性，并征询专家意见，得到具体指标体系。

3. 具体评价指标的选取

农村环境生态评价的指标体系常分为一级和多级指标体系。一级指标体系中每项指标权重常过小，赋值较复杂，误差较大，诊断较困难，不能清晰反映多层次状况。而农村生态系统的子系统多，子系统间相互作用及程度直接影响整个环境生态质量，多级指标体系能清晰地反映各子系统间的差异及生态环境的不同层次，故常用该体系，多为二级指标体系。二级指标下还能分出更细化的指标，形成多级完善的指标体系。

由于地域和经济社会条件的差异，实际评价对象不同，指标可完全不同，侧重点也不一样，所以农村环境的生态评价尚无统一的指标体系可循。国内外学者根据指标体系构建的原则，在对农村环境内涵进行阐述和对农村生态系统结构-功能分析的基础上，分别提出了不同的评价指标。

Wei Xu、Julius A Mage（2001）认为农业生态系统健康可以用四类指标表示，分别为农业生态系统结构、功能、组织和动态。农业生态系统的复杂性说明不同尺度的农业生态系统健康不能由单一方面的指标衡量。可利用资源量、多样性和可进入性是衡量农业生态系统结构的指标；而生产力、效率、效益等指标在评价农业生态系统功能方面也是非常有效的。由于农业生态系统与外部环境之间的相互作用非常强烈，这些结构或功能指标不一定能反映农业生态系统的全部特征。组织方面的指标如自治性和独立性在评价农业生态系统组织特征方面非常有效。

Smit B 和 Waltner-Toews D 等（1998）认为区域尺度农业生态系统健康评价要综合考虑结构和功能两个方面，具体指标包括结构、功能、组织和动态。结构指标包括有效资源量、资源可采集量、多样性、平衡性和公平性；功能指标包括生产力、效率和效力；组织指标包括完整性、自组组织性、独立性和自制力；动态指标包括稳定性、恢复力和响应能力。

杨伟光、付怡（1999）对我国农村生态环境进行了研究，建立了我国农村生态环境质量评价的指标体系。表征生境资源的指标包括年平均气温、年日照时数、年降雨量、人均耕地面积、草地面积率、水域面积率和森林覆盖率；表征生物状况的指标包括植被结构和农作物质量（重金属、农药残留量）；表征人类社会影响的指标包括生态状况和环境污染，其中生态状况指标包括水土流失面积率、土地三化面积率、亩均施化肥量、亩均施农药量、农田土壤有机质含量；环境污染指标包括灌溉水质（包括 pH、全盐量、化学需氧量、重金属、农药）、农田土壤（pH、氮、磷、钾、重金属、农药）、农田大气（二氧化硫、氟化物）。

丁维、李正方（1994）等在对我国江苏省海门县的农村进行生态环境评价时，通过采用理论分析、专家咨询和频度统计等方法对大量的评价指标进行筛选，并经过专家们反复研究和论证，共选择了 35 个指标，见图 7-1。

霍苗（2005）将农村作为一个自然-经济-社会复合生态系统进行研究，通过系统分析，提出了农村生态评价的指标体系由生态环境、生态经济和生态社会三大部分组成，生态环境

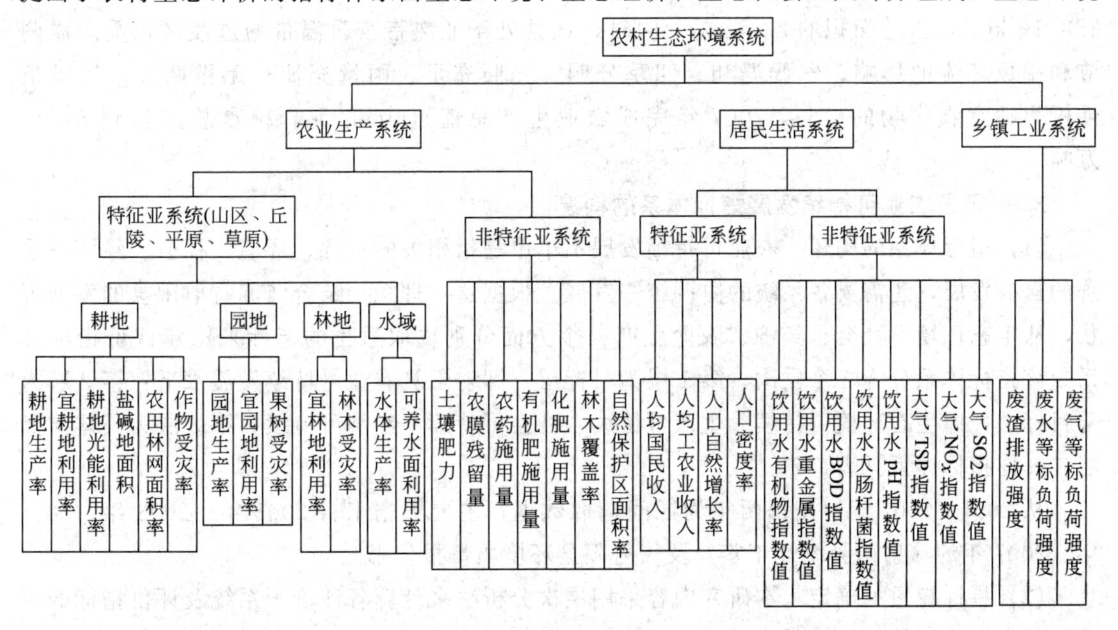

图 7-1 农村生态环境系统评价指标（引自丁维，1994）

指标反映了资源承载力、生态环境质量和环境恢复力；生态经济指标反映了经济结构、经济活力和经济发展持续力三方面内容；生态社会指标反映了人口健康、生活质量、社会稳定性、社会公平性和文明程度五方面，共计43个具体指标。

张铁亮等（2009）在对农村环境质量进行大量监测的基础上，根据农村环境质量内涵和指标体系构建原则，采用系统分析法筛选出针对性强的农村环境质量指标，包括农村空气环境质量、农村水环境质量、农村土壤环境质量和农、畜、水产品质量四部分。其中农村空气环境质量分为农产品产地空气环境质量和农村人居空气环境质量；农村水环境质量分为农产品产地灌溉水环境质量、农村禽畜养殖饮用水环境质量、农村水产养殖用水环境质量、农村生活饮用水环境质量和农村景观用水环境质量；农村土壤环境质量分为农产品产地土壤环境质量和农村人居土壤环境质量。

农村生态系统是由多因子组成的多层次的复杂体系，其系统内部各因子和系统与外部环境之间有着千丝万缕、密不可分的相互联系和相互作用。采用定性与定量相结合的方法认识和评价这样的复杂系统，是目前农村环境生态评价常用的方法，即层次分析法和模糊综合评价法。

四、评价实例

（一）评价实例1——应用层次分析法评价江苏省射阳县农村可持续发展水平

（孙艳，刘瑞香，2009）

1. 研究区概况

射阳县位于江苏省北部、废黄河三角洲的沿海农业区，全县总面积2795 km^2，是江苏省重要的粮棉生产基地，农业地位突出。因此，农业的可持续发展是该县可持续发展的基础。

该县农业水土资源丰富，有耕地面积1057 km^2，占总面积的37.82%；水域面积683.10 km^2，占总面积的23.44%。同时，该县处于亚热带与暖温带的过渡区，受海洋调节和季风环流的影响，气候温和、四季分明、光照充足、雨量充沛、无霜期长，气候条件极为适宜农作物的生长，2007年完成农业生产总值近40亿元，粮食总产达到84.14万吨。

2. 射阳县农业可持续发展指标体系的构建

（1） 指标体系的构建　农业可持续发展不单单是指相关的资源、环境、社会、经济各系统的自身发展，还需要各系统的协调统一发展。根据这一理念，结合江苏省射阳县的发展现状，从生态环境、社会、经济、农业生产4个方面分别选取适当的指标来构建评价指标体系。该指标体系分为3个层次，第1层为目标层，即射阳县农业可持续发展水平；第2层为分目标层，即生态环境可持续、生产可持续、社会可持续、经济可持续；第3层为具体指标层。具体指标体系见表7-2。

从2001～2007年，按每两年为区间选取数据，主要数据来自2001年、2003年、2005年、2007年的《射阳县统计年鉴》及《射阳县环境质量报告书》。

（2） 指标权重的确定　本研究内容采用层次分析法来计算各评价子系统及评价指标的权重。得出的指标体系的权重向量见表7-3。

表 7-2　射阳县农业可持续发展能力评价指标体系及权重

目标层	准则层	权重	指标层	权重
射阳县农业可持续发展能力	生态环境可持续	0.2772	人均耕地面积	0.1295
			化肥施用强度	0.0768
			单位耕地面积工业废水排放量	0.0444
			单位耕地面积固体废物排放量	0.0264
	生产可持续	0.0954	粮食单产	0.0365
			复种指数	0.0239
			有效灌溉面积	0.0152
			旱涝保收面积	0.0096
			农机总动力	0.0061
			盐碱耕地改良面积	0.0041
	社会可持续	0.1601	人均粮食	0.0530
			万人拥有农业科技人员	0.0369
			城市化水平	0.0252
			农业劳动力占农村劳动力比重	0.0170
			社会公平度	0.0114
			千人拥有病床数	0.0076
			人口自然增长率	0.0052
			人均住房面积	0.0038
	经济可持续	0.4673	人均农业 GDP	0.1656
			农村人民纯收入	0.1121
			农业 GDP 比重	0.0741
			土地生产率	0.0484
			种植业比重	0.0316
			农村非农经济比重	0.0209
			农产品商品化程度	0.0146

表 7-3　不同年份标准化后各指标值

指标层	2001 年	2003 年	2005 年	2007 年
人均耕地面积	1.0000	1.0237	1.0247	1.0171
化肥施用强度	1.0000	0.9368	0.8738	0.7951
单位耕地面积工业废水排放量	1.0000	0.9548	0.7995	1.7141
单位耕地面积固体废物排放量	1.0000	1.3187	0.5345	0.5026
粮食单产	1.0000	0.9171	1.0098	1.0488
复种指数	1.0000	1.0126	1.0067	1.0637
有效灌溉面积	1.0000	1.0000	1.1357	1.0613
旱涝保收面积	1.0000	1.0000	1.0009	0.9498
农机总动力	1.0000	1.0391	1.0843	1.0499
盐碱耕地改良面积	1.0000	1.0259	1.0000	0.9493
人均粮食	1.0000	0.8638	1.0691	1.4690
万人拥有农业科技人员	1.0000	1.1979	0.3746	1.4228
城市化水平	1.0000	1.6662	1.8022	1.8735
农业劳动力占农村劳动力比重	1.0000	1.0709	1.2880	1.2489
社会公平度	1.0000	0.8822	1.3644	0.8042
千人拥有病床数	1.0000	1.0667	1.1333	1.1237
人口自然增长率	1.0000	1.4746	6.0000	0.3551
人均住房面积	1.0000	0.9869	1.0213	1.0488

续表

指标层	2001 年	2003 年	2005 年	2007 年
人均农业 GDP	1.0000	0.8496	1.9529	2.3206
农村人民纯收入	1.0000	1.1074	1.3437	1.6563
农业 GDP 比重	1.0000	1.1799	1.0970	1.2664
土地生产率	1.0000	1.0510	1.4120	1.6182
种植业比重	1.0000	1.1393	1.1936	1.3985
农村非农经济比重	1.0000	1.1483	1.2061	1.2190
农产品商品化程度	1.0000	0.8331	0.8856	0.8430

(3) 指标的标准化　将选取的评价指标分为正向指标和逆向指标。正向指标即指标值越大越有利于农业可持续发展；逆向指标即指标值越小越有利于农业可持续发展。由于各指标的性质和单位不同，而且数量级存在明显差异，不能直接进行比较，因此，在进行综合评价前必须消除原始数据间的量纲影响。在此先对评价指标进行标准化处理。对于正向指标，标准化处理公式为 $Y_i=X_i/X_0$；对于逆向指标，标准化处理公式为 $Y_i=X_0/X_i$。其中，Y_i 为标准化后的第 i 项指标值；X_i 为第 i 项指标原始值；X_0 为第 i 项指标的基年统计值。在此项研究中，以 2001 年为基准年，标准化后指标值见表 7-3。

当标准化指标值小于 1 时，说明当年的农业可持续发展水平不如 2001 年，反之则反是。

3. 射阳县农业可持续发展能力综合评价

(1) 评价模型　根据表 7-2、表 7-3 中的标准化指标值和权重，利用加权综合评分法对射阳县农业可持续发展能力进行综合评价，公式为：

$$P_j=\sum_{i=1}^{n}Y_iW_i \tag{7-1}$$

式中，P_j 为射阳县可持续发展水平综合评价值；Y_i 为量化后的可持续发展指标值；W_i 为评价指标所对应的权重值。

根据式(7-1) 计算出不同年份射阳县农业可持续发展能力的综合评价结果，见表 7-4。

表 7-4　不同年份射阳县农业可持续发展能力综合评价结果

项　　目	2001	2003	2005	2007
射阳县生态环境可持续发展能力	1.0000	1.0167	0.9001	1.0181
射阳县农业生产可持续发展能力	1.0000	0.9750	1.0326	1.0404
射阳县农村社会可持续发展能力	1.0000	1.1228	1.2314	1.3351
射阳县农业经济可持续发展能力	1.0000	0.9912	1.4969	1.7635
射阳县农业可持续发展能力	1.0000	1.0299	1.2446	1.4193

如果农业可持续发展能力综合评价值大于 1，则认为射阳县农业朝着可持续的方向发展；如果小于 1，则说明偏离了农业可持续发展的方向。

(2) 结果分析　从表 7-4 中可以得出 5 点结论。

① 射阳县资源与环境可持续发展能力较弱，发展速度不快，在 2005 年偏离了可持续发展的方向。对比具体指标发现，主要是由于 2005 年工业污染排放严重，工业废水及固废的排放严重影响了农业灌溉水及土壤环境，使得农业生态环境出现了不可持续发展的现象。

② 射阳县农业生产可持续发展能力不强，提高速度不快，在 2003 年偏离了可持续发展的方向。对比具体指标发现，主要是因为 2003 年粮食产量较低。2003 年，射阳县遭受了特

大洪涝灾害，自6月21日入梅至7月18日出梅，全县累计降雨量达到了606.1 mm，加之上游洪峰过境，导致素有“洪水走廊”的射阳县出现了自1991年以来最大的洪灾，全县农作物绝收面积达4 600.0 hm^2。

③ 随着城市化进程的加快、城乡差距的逐步缩小、农村公共设施建设和社会福利事业的完善，农村的社会效益不断得到提高，射阳县农村社会可持续发展能力也随之提高。

④ 射阳县农业经济在2003年偏离了可持续发展的方向，主要是由于2003年洪涝灾害的影响，使得农业生产受到重创，农业经济收入减少。同时，2003年农产品商品化程度不高，影响了农业经济的增长。而在这之后的几年，随着农业生产的恢复、土地生产率的提高、产业结构的调整，农业经济迅速发展，农业经济可持续发展能力也逐步提高。

⑤ 尽管在某些年份单一子系统的可持续发展能力减弱，但在各子系统的协调发展、综合影响下，射阳县农业可持续发展能力总体上还是保持着正向发展的势头，但要注意的是，其提高的幅度都不是很大。

（二）评价实例2——应用多层次模糊综合评价法评价齐齐哈尔市农村生态环境（余文柱，2009）

1. 评价标准及评语等级

（1） 评价标准　采用黑龙江省《农村生态环境建设标准》（DB23/T 474—1997），将生态环境质量评价指标分为一级指标和二级指标。一级指标分五大类：农村经济发展指标 a_1、生态经济结构指标 a_2、农村社会发展指标 a_3、农业生产力指标 a_4、农村生态环境质量指标 a_5 构成了模糊向量 $A=(a_1,a_2,a_3,a_4,a_5)$；二级指标45项。

（2） 评语等级分高、中、初、低四级

① 生态环境高级标准。农村经济结构合理，社会-经济-自然生态环境质量良好；生态系统能流、物流和经济流转化效率高，各种自然资源特别是可更新资源得到合理开发和永续利用。

② 生态环境中级标准。农村经济基本合理，农村生态环境质量有明显提高；生态系统能流、物流和经济流转换效率较高，各种自然资源特别是可更新资源得到较合理的开发和利用。

③ 生态环境初级标准。农村经济结构趋于合理，生态环境有所改善；生态系统能流、物流和经济流转化效率有所提高，各种自然资源的开发、利用趋于合理。

④ 生态环境低级标准。农村经济结构不合理，生态环境有所改善，生态系统能流、物流和经济流转化效率低，各种自然资源的开发、利用不合理。

2. 权数的确定

（1） 一级指标权数的确定　一级指标权数的确定用专家评判法。权数确定结果：农村经济发展指标权数0.2、生态经济结构指标权数0.1、农村社会发展指标权数0.1、农业生产力指标权数0.2、农村生态环境质量指标权数0.4。

（2） 二级指标权数的确定　采用两两比较法对一指标下的二级指标重要性进行排队。用概率统计的方法进行单因素统计，找出该因素数据最大评分值和最小评分值，算出组距，计算数据落在各组距中的频数、频率，再根据频数、频率的分布情况确定该因素较为适宜的隶属度，然后确定权数。

齐齐哈尔市农村生态环境1993～1999年度以齐市农村经济社会发展指标为例的有关数据见表7-5。

表7-5 齐齐哈尔市农村经济社会发展指标

年度	农民人均年纯收入(权数0.2)/元	农民人均纯收入年增长率(权数0.1)/%	国土经济密度(权数0.2)/(万元/kg^2)	人均国内生产总值(权数0.2)/元	国内生产总值年增长率(权数0.1)/%	系统产权比(权数0.2)
1993	1162.2	28	26	1732	19	2.4
1994	1507.8	30	35	2046	34	2.4
1995	1627.3	7.9	41	2751	15.7	2.2
1996	2106.2	29	51	3176	24.6	2.2
1997	1719.5	−18	59	4496	15.2	1.9
1998	1604.6	−6.7	62	4773	6.0	2.0
1999	1917.0	19.5	63	4846	2.2	2.0

3. 构成模糊关系矩阵*R*

有了各指标的具体数据和等级标准，即可建立模糊关系矩阵 R_i（i=1，2，3，4，5）。各因素的1993～1999年各年度数值，对应表评语中某等级的个数在该因素中所占比例来确定矩阵元素的隶属度 r_{ij}，对于数据缺失不是连续的单个数据隶属度确定，采用小于与其对应等级的所有等级等比例确定。

4. 计算初层次综合评判值

按模糊综合评判公式 $B=AR$，采用加权求和型算子 $b_j=\sum_{i=1}^{m}(a_i r_{ij})$ 运算。

齐齐哈尔市农村经济发展评判

B_1=(0.186 0.072 0.114 0.632)

齐齐哈尔市农村生态经济结构评判

B_2=(0 0.086 0.628 0.286)

齐齐哈尔市农村社会发展评判

B_3=(0.200 0.072 0.314 0.414)

齐齐哈尔市农业生产力评判

B_4=(0 0.0143 0.043 0.943)

齐齐哈尔市农村生态环境质量评判

B_5=(0.097 0.033 0.209 0.692)

5. 计算高一层次综合评判值

根据农村生态环境评价的层次性，将各初始评判结果和高层次评判因素权重组成高层次评判矩阵，进行模糊变换，即 $B=AR$，从而求得最终评判结果。

$$B=A\begin{bmatrix}B_1\\B_2\\B_3\\B_4\\B_5\end{bmatrix}=(0.2\quad 0.1\quad 0.1\quad 0.2\quad 0.4)\begin{bmatrix}0.186 & 0.072 & 0.114 & 0.632\\0 & 0.086 & 0.628 & 0.286\\0.200 & 0.072 & 0.314 & 0.414\\0 & 0.0143 & 0.043 & 0.943\\0.097 & 0.033 & 0.209 & 0.692\end{bmatrix}$$

$$=(0.096\quad 0.046\quad 0.209\quad 0.662)$$

运算结果表明，齐齐哈尔市农村生态环境“高级”的隶属度是0.096，“中级”的隶属度是0.046，“初级”的隶属度是0.209，“低级”的隶属度是0.662，按照隶属度最大原则，齐市农村生态环境属于低级标准。

参 考 文 献

[1] 郭怀友，郎林杰．浅论“农业环境”与“农村环境”．农业环境与发展，2000，17（1）：34-35.

[2] 孙玉军．资源环境监测与评价．北京：高等教育出版社，2007.

[3] 张咏，郝英群．农村环境保护．北京：中国环境科学出版社，2003.

[4] 王洪庆，陶战，周健．农业生态监测指标体系探讨．农业环境保护，1996，15（4）：173-176.

[5] 张建辉等．农业生态监测目标与监测指标体系选择探讨．中国环境监测，1996，12（1）：3-6.

[6] 张建辉等．生态监测指标选择一般过程探讨．中国环境监测，1996，12（4）：3-6.

[7] 张玉龙．农业环境保护．第二版．北京：中国农业出版社，2004.

[8] 中华人民共和国农业部．农田土壤环境质量监测技术规范（NY/T 395—2000）．北京：中国标准出版社，2001.

[9] 中华人民共和国农业部．农用水源环境质量监测技术规范（NY/T 396—2000）．北京：中国标准出版社，2001.

[10] 中华人民共和国农业部．农区环境空气质量监测技术规范（NY/T 397—2000）．北京：中国标准出版社，2001.

[11] 中华人民共和国农业部．农、畜、水产品污染监测技术规范（NY/T 398—2000）．北京：中国标准出版社，2001.

[12] 李元．环境生态学导论．北京：科学出版社，2009.

[13] Wei Xu，Julius A M. A Review of Concepts and Criteria for Assessing Agroecosystem Health Including a Preliminary Case Study of Southern Ontario. Agriculture，Ecosystems and Environment，2001，(83)：215-233.

[14] Smit B，Waltner-Toews D，Rapport D，Wall E，Wichert G，Gwyn E，Wandel J. Agro-ecosystem health：Analysis and assessment. University of Guelph，Guelph，Canada. 1998.

[15] 杨伟光，付怡．农业生态环境质量的指标体系与评价方法．监测与评价，1999，2.

[16] 丁维，李正方，王长永等．江苏省海门县农村生态环境评价方法．农村生态环境，1994，10（2）：38-40.

[17] 霍苗．生态农村评价方法探讨——以北京郊区农村为例．中国农业大学硕士学位论文，2005年6月．

[18] 张铁亮，刘凤枝等．农村环境质量监测与评价指标体系研究．环境监测管理与技术，2009，21（6）：1-5.

[19] 中国环境监测总站．中国生态环境质量评价研究．北京：中国环境科学出版社，2004.

[20] 毛文永著．生态环境影响评价概论．北京：中国环境科学出版社，2003.

[21] 陆雍森编著．环境评价．第二版．上海：同济大学出版社，1999：119-120.

[22] 孙艳，刘瑞香．农业可持续发展综合评价——以江苏省射阳县为例．安徽农业科学，2009，37（18）：8705-8706，8735.

[23] 余文杜．应用多层次模糊综合评价法评价齐齐哈尔市农村生态环境．黑龙江环境通报，2009，25（2）：9-13.

思 考 题

1. 简述农村环境生态监测与评价的意义。
2. 简述农村环境生态监测与评价方案的设计。
3. 简述农村环境生态监测指标体系的构建。